浪花朵朵

真的没想到123件关于环境和气候的新鲜事

[比利时]玛蒂尔达·马斯特斯 文　露易泽·珀蒂尤斯 图　许楚琪 译

四川美術出版社

123
SUPERSLIMME
DINGEN
DIE JE MOET
WETEN OVER HET
KLIMAAT

目　录

前　言

读者们好：

很高兴你们即将阅读这本书，它讲述了关于环境和气候的知识，这些知识非常重要。

从古至今，气候一直在变化，当今的气候变化要比从前更加剧烈。地球的平均温度从未像现在上升得这么快，这都是人类造成的苦果。全球变暖带来了严重的后果，极地的冰层正在融化，人们将要面对更多的狂风骤雨。我们需要认真思考，未来如何才能继续为每个人提供足够的食物。

我们身处的环境变得乌烟瘴气。森林正在消失，动物走向灭绝。人类制造的垃圾太多了，多得根本无法处理，很多垃圾都堆积在海洋的最深处。

幸好，有越来越多的聪明人已经开始寻找解决这些问题的方案了，但仍有很多人没有意识到情况的糟糕。如果你想和他们讨论此类问题，不妨看看这本书，你会从中学到很多新的知识。

我和汉斯・布鲁因尼克斯（Hans Bruyninckx）一起收集了这 123 件新鲜事。汉斯是欧洲环境署的负责人，对环境和气候非常了解。科学记者伊利亚・范・布雷克尔（Ilja van Braeckel）对本书内容进行了审校，确保了文中没有知识性错误。插画家露易泽・珀蒂尤斯为每件新鲜事绘制了美丽的插图。

希望你们能享受这次阅读之旅，不要忘记读完书后随手关灯！

玛蒂尔达・马斯特斯

一

万物皆有关联

1 无论天气如何，各地都有气候

气候是指经常发生在地球上某一特定地方的典型天气。科学家会用大约 30 年的时间观测一个特定地区的天气，然后取这些天气的平均值作为气候。气候的形成靠的是多种因素的共同作用，其中太阳的作用极为关键。

众所周知，地球围绕太阳旋转。太阳光带来的能量在赤道地区的分布要比其他地区更加集中，所以赤道上的阳光要比其他地区强烈。因此，赤道炎热，极地寒冷。热带与寒带间的区域属于温带气候区，这里既不像赤道那么热，也没有极地那么冷。

太阳产生的热量会使空气和水流动，风和洋流因此形成。暖空气上升时如果与冷空气相遇，就会产生风。温差也会导致洋流的形成，因温差引起的相对流动叫自然对流。风和洋流就像巨大的传送带，将热量从地球上的一个地方输送到另一个地方。

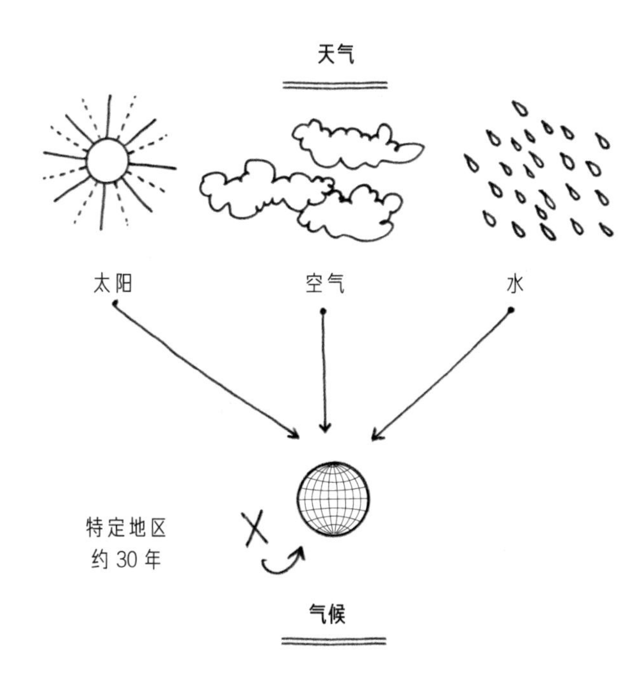

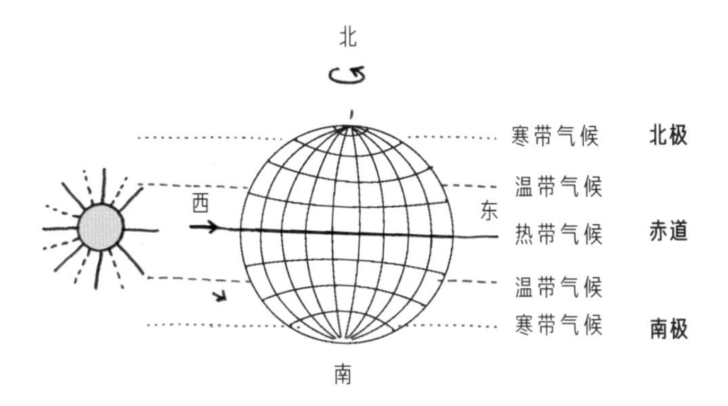

我们无法控制天气，这也是好事，否则你可能会给每天都安排上适合户外玩耍的晴天，而不怎么安排雨天。这样下去，用不了多久，我们就都住在沙漠里了。

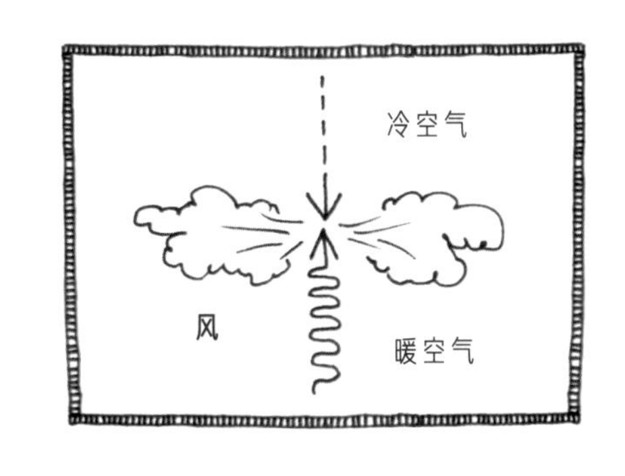

但无法控制天气并不意味着人类就不能影响气候。你会在这本书中学到更多有关人类与气候的新鲜知识。

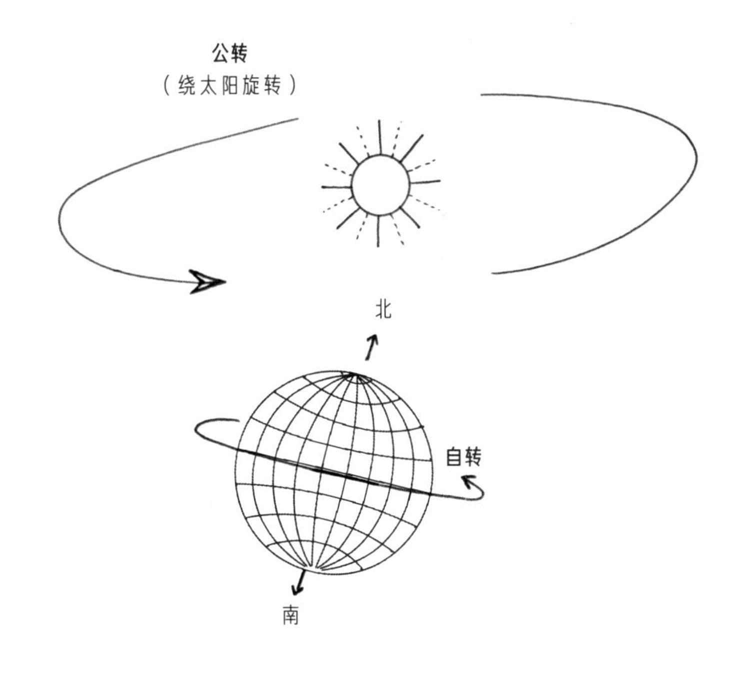

2 预测天气

你有没有想过，天气预报员是如何预测天气的？他们会使用很多工具来进行预测，其中有些仪器从15世纪起就开始投入使用了！

- 早在1452年，意大利人就发明了一种**湿度计**，用来测量空气的潮湿程度。最早出现的湿度计是一对带海绵的天平。因为湿海绵比干海绵沉，所以可以通过海绵的重量变化来测量湿度。不过这种仪器并不怎么精确。
- 16世纪，科学家伽利略发明了一种**温度计**。在一端带有玻璃泡的玻璃管内装入一些彩色液体，将玻璃管竖直插入水中，让玻璃泡露出水面，彩色液柱的高度能显示出当前的温度。后来丹尼尔·加布里埃尔·华伦海特用水银代替了水，从而让测量结果变得更加精确。直到今天，人们仍在使用水银温度计。

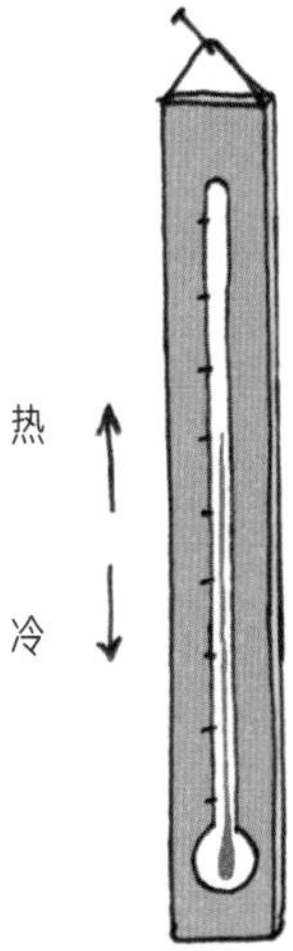

热

冷

温度计

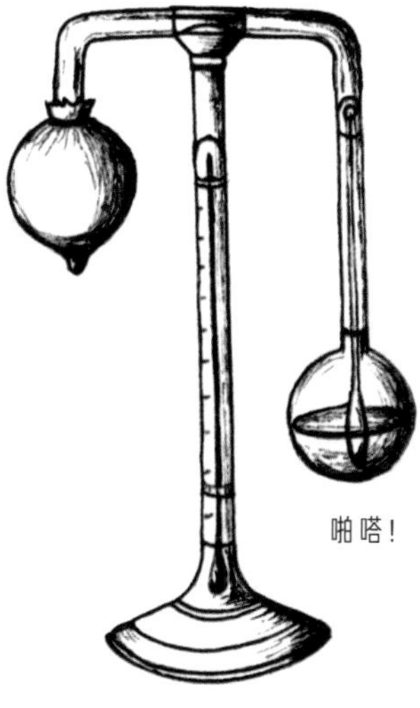

啪嗒！

湿度计

- 17世纪时，人们制作了漂亮的**晴雨匣**来预测天气。晴雨匣看起来像一座小房子，它有两扇门，一扇门后面是撑着雨伞的男人，另一扇门后面是撑着阳伞的女人，两个小人分别系在一根羊肠线的两端。干燥的时候，羊肠线会脱水缩短；潮湿的时候，羊肠线则会吸水变长。于是，在干燥的天气下，撑着阳伞的女人会出来；而在潮湿的天

晴雨匣

气下，撑着雨伞的男人会出来。

- 空气的重量对地球施加了一定的力，这就是所谓的气压，要用**气压计**进行测量。如果气压迅速变化，那么天气也会跟着改变。气压上升通常意味着天气会变好，而气压下降则意味着快要下雨了。

气压计

- 我们用风速计来测量风的速度。**风速计**是一种小型风车，装在高高的杆子上。它由3个或4个半球形空杯组成。风车转得越快，风速就越大。我们用蒲福风级来表示风速的平均值。蒲福风力等级表将风速划分为0级到12级，其中0级是无风，12级是飓风。如果风力达到了8级，那你就得小心些了，8级大风的风速能达到62千米/时至74千米/时。别让风把你的帽子刮跑了！

风速计

气象气球或无线电探空气球

*“这里潮湿又闷热。”

3 放飞一个气球

你有没有见过在高空中飘浮着的白色气球，上面还挂有一个小包裹？那个很可能是**气象气球**或者**无线电探空气球**。气象站每天都会两次放飞气象气球。气球里的气体是氦气，能飞到距离地面 17 千米至 35 千米的地方。它们飞得越高，体积就变得越大。随着高度升高，空气越来越稀薄，气压也逐渐下降。外面的气压越小，气球就变得越大。气象气球每次的飞行时间平均为 2 小时，在这期间，它会测量温度、湿度和气压，并将所有数据都传给气象站。全世界每天会放飞 1000 多个这样的气象气球。根据气球测量到的数据，天气预报员就可以预测天气。特殊的**臭氧探测**气象气球能测量空气中的臭氧量。你可以在第 8 件新鲜事中学习到更多有关臭氧的内容。

你有没有捡到过落在地上的气象气球？如果有，你可以留着它，或者把它作为有害垃圾处理掉。不过，有些气象气球上留有气象站的地址，要是你把气球寄回气象站的话，气象站的叔叔阿姨们会很高兴的。荷兰皇家气象研究所（KNMI）甚至还为那些归还臭氧探测气象气球的人颁发“发现气球奖金”呢！

4 气候与环境密不可分

环境是我们生活的地方，包括我们呼吸的空气、水和土壤。**自然环境**包括所有不是由人类制造的非生物和生物：岩石、水、沙子、植物和动物等。环境中的一切事物都是相互联系、相互需要的。人类和动物都需要呼吸干净的空气。植物能提供氧气，同时，它们也需要干净的水和富含营养的土壤。气候也是环境的重要组成部分。

气候和环境密切相关，所有动植物都生活在特定的气候中。例如，炎热干燥的沙漠气候很适合骆驼和仙人掌，麋鹿和狼乐于生活在有着大片森林的寒冷地带，企鹅和海豹喜欢冷水，蝴蝶和蜜蜂主要生活在气候温暖、有许多花卉的地方……我们将这种生物和环境构成的整体称作生态群落或**生态系统**。生态系统已经存在了数百万年，它的演变通常十分缓慢。

但如今，这一点已经被人类改变了。我们砍伐森林，污染水和空气，造成了近年来不断的气候变化。这些人类活动破坏了生态平衡，因此在人类聚居的区域，许多动物已经灭绝了。它们有的因人类到处乱扔的塑料垃圾而窒息身亡，有的因海洋污染和过度捕捞失去了食物来源。要知道，一切对环境有害的东西，都对人类有害，因为我们也是环境的一部分。

生态系统

5 太阳散发的能量是我们需要的能量的1万倍

太阳就像是一个巨大的发电站，它向地球输送的能量是我们维持世界运转所需能量的1万倍之多。幸好，不是所有阳光都能到达地球表面。约1/3的阳光会立即被天上的云，地面上的雪、冰、水以及其他会形成反射的表面反射回太空。这就是**反照率**（见第32件新鲜事）。剩下2/3的阳光被地面和大气层所吸收。

然后，地球会以**红外线**的形式将部分能量释放出来，从而产生热量。没错，就是太阳使地球变暖，地球使空气变暖。

地球释放出的热量中，有一部分消失在太空中，但还有一部分被大气层中的气体又送了回来（见下一件新鲜事）。这些由反射和再反射构成的平衡叫地球的**辐射平衡**，保持这种平衡是非常重要的。

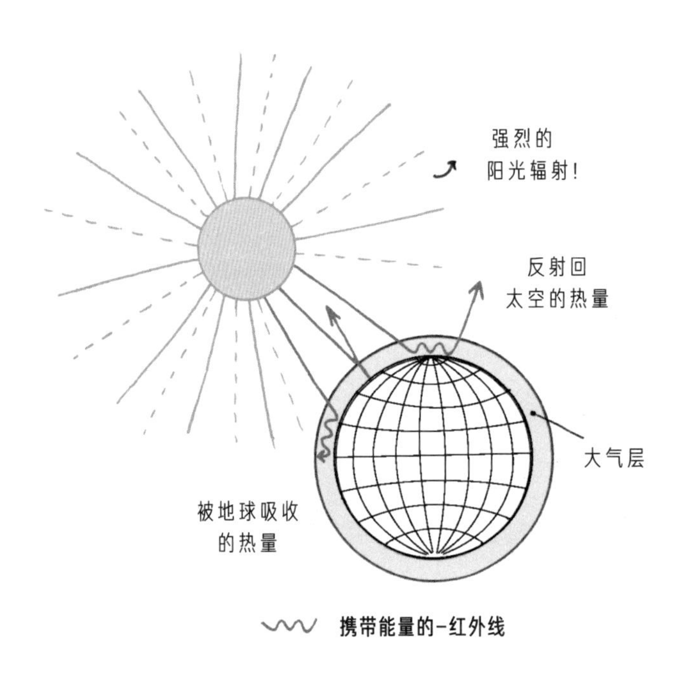

地球大气层

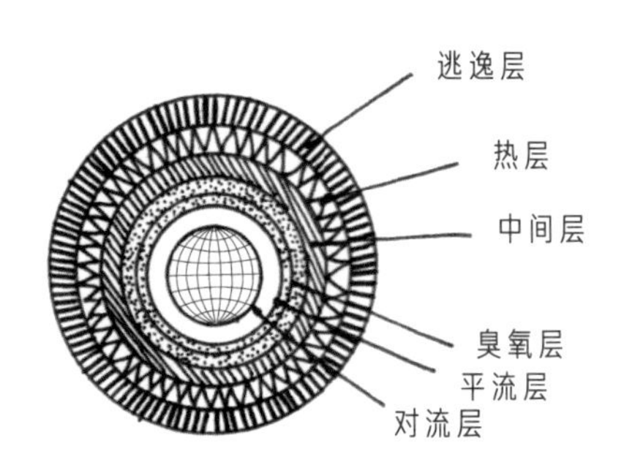

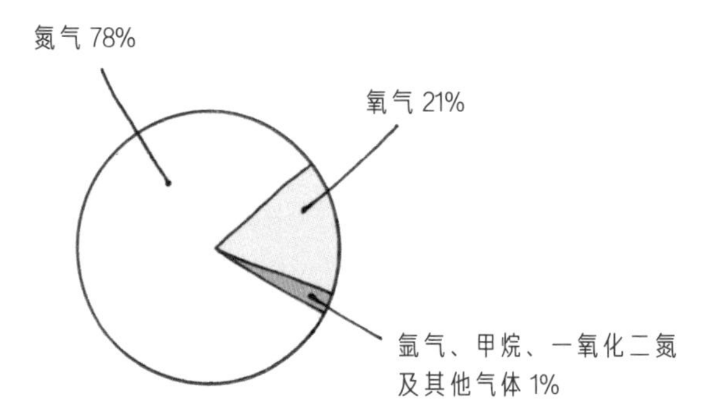

6 地球是个大温室

你可能以前见过**温室**，里面种了各种各样的蔬菜、水果、花卉或其他植物。阳光透过玻璃照射进来，带来了热量。温室将这些热量保存了下来，因此就算温室外面再怎么冷，植物也能照常生长。

我们可以把地球也想象成一个巨大的温室。虽然它周围没有玻璃，但有大量的气体，这些气体构成了地球的**大气层**。大气层中的干燥空气主要由氮气（N_2，78%）和氧气（O_2，21%）组成，剩下的 1% 主要有氩气（Ar）等稀有气体，其中也含有一些温室气体，比如甲烷（CH_4）和一氧化二氮（N_2O）。此外，大气中有 2% 至 3% 是水蒸气，这也是一种温室气体。温室气体就像温室的玻璃一样。白天，太阳加热了地表，而晚上，当地球降温的时候，温室气体就会防止热量逸散到太空。它们就像是温室的屋顶和墙壁，围绕地球外部，让地球上大部分地区温暖、宜居，让各种生物生长繁衍。假如没有温室气体，地球会比现在寒冷很多，平均温度会由现在的 15℃ 下滑至 -18℃，相差整整 33℃。我们的地球和现在相比会有很大的不同。

所以说，我们需要**温室气体**才能生存。但如果大气层中有太多的温室气体，地球就会变得越来越暖和，这不是一件好事，而且后果是非常危险的。极地的冰层融化，使更多的水涌入海洋——海平面上升可能会淹没大面积的土地。有些地方会变得干旱、寸草不生，而另一些地方则可能饱受洪涝之灾。地球上会出现更多的风暴和飓风。这就是所谓的**气候变化**。继续往下阅读，你会逐渐了解人类活动究竟是如何引起气候变化的。

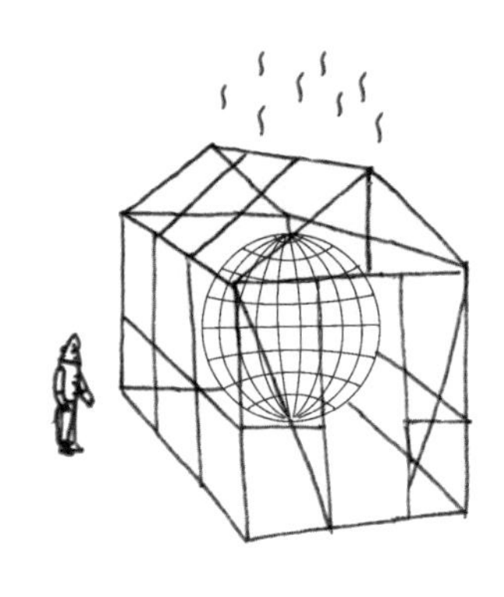

7 你就是一个生产二氧化碳的工厂

吸气，你的肺里会充满氧气（O_2）；呼气，你会从嘴里呼出二氧化碳（CO_2）。这是很正常的现象，所有动物都会吸入氧气，产生二氧化碳，而植物会通过光合作用，再将二氧化碳转化为氧气（见第9件新鲜事）。

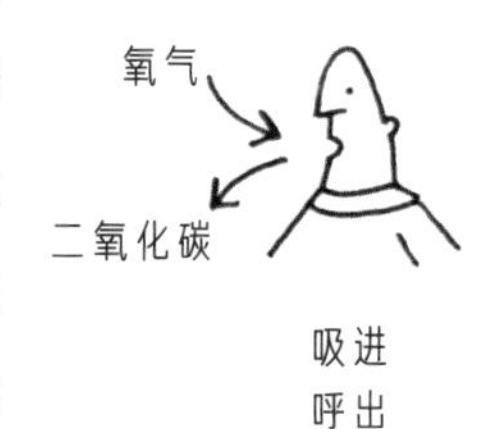

但是，往大气中排放二氧化碳的不仅是人类和动物，事实上，二氧化碳主要来源于**化石燃料**，也就是石油、天然气、煤炭等。这些物质是数百万年前的动植物尸体被挤压到地表下形成的。人类发现这类物质可燃性很高，能产生大量的能量，于是开始用化石燃料为机器供能，为房屋供暖，驱动汽车，运行工厂，等等。但不幸的是，这些物质燃烧时会释放出很多二氧化碳，而二氧化碳会留在大气中，导致全球变暖。这种气体无色无味，看不见，尝不着，闻不到也触摸不到，可它就在我们周围。

大气中还有其他天然的**温室气体**：水蒸气、甲烷、一氧化二氮和臭氧。水蒸气是水在太阳下蒸发而形成的，它能将热量从温暖的地方带到寒冷的地方。甲烷主要由牛等反刍动物产生，和全球变暖也不无联系。一氧化二氮从肥沃的土壤产生，是一种非常强大的温室气体。臭氧这种气体对地球既有益也有害，它可以让地球免受有害紫外线的影响（见

第 8 件新鲜事）。如果没有臭氧层，地球会变得更不适宜生存。但如果臭氧离地表太近，可能会带来一些消极影响（见第 56 件新鲜事）。比如，它会影响我们的肺部，而且使植物无法正常生长。

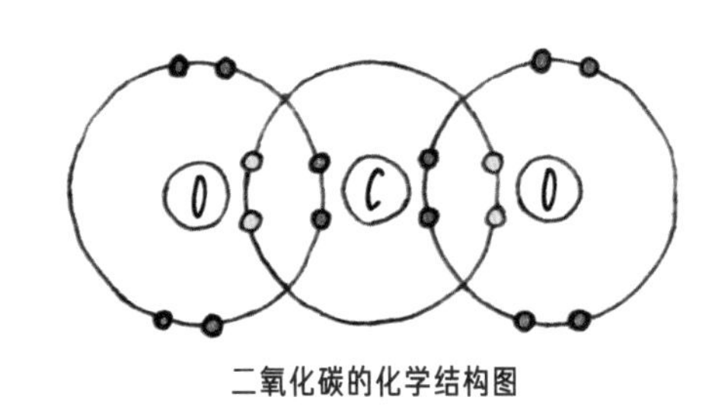

二氧化碳的化学结构图

8 小心臭氧空洞……

你忘记涂防晒霜，在海滩上待了一天。回家的时候，你的脸晒得像煮熟的龙虾一样通红。哎哟，哎哟，哎哟！晒得痛死了！这得怪太阳产生的紫外线，它是让你如此痛苦的罪魁祸首。

幸运的是，有一种气体可以阻挡大部分紫外线，它就是**臭氧**。臭氧的化学式是 O_3，它由 3 个氧原子组成。臭氧层位于**平流层**，在热带地区距离地表约 20 千米，在荷兰地区距离地表约 12 千米，在两极地区甚至还要更低。臭氧层非常重要，没有

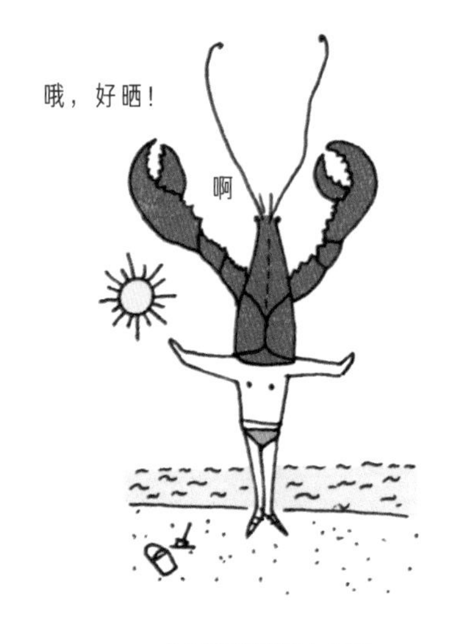

大气中的臭氧太少了

臭氧空洞

它，我们在地球上就不可能存活。

20 世纪 70 年代，科学家发现臭氧层出了问题。它变得越来越薄，还出现了空洞，在南极上方尤为严重。这是由**氯氟碳化物**，也就是 CFCs 或氯氟烃引发的问题。氯氟碳化物常用于喷雾发胶、冰箱和冷冻柜中的制冷剂等压缩气体。当氯氟碳化物遇到臭氧分子时，会将 3 个氧原子中的一个断开，将臭氧分解成氧气。这样，原本被臭氧阻挡在外的紫外线就能通过了。幸运的是，许多国家签署了禁止氯氟碳化物的协议。臭氧空洞要花上很长时间才能“愈合”。南极臭氧空洞在 2000 年的时候面积最大，有整个北美洲那么大；但到了 2017 年，你可以在卫星图像上清楚地看到，空洞缩小了。科学家正密切关注着臭氧层的状况。气候变化可能会产生新的臭氧空洞，但也可能会让臭氧层变得更厚，使我们无法获得足够的紫外线。臭氧层上有个洞是不怎么好，但太厚了也不行。

9 你能呼吸，可要感谢地球上的绿色植物

很久以前，大气主要由二氧化碳组成，地球上没有氧气。渐渐地，海洋中出现了藻类，它们以二氧化碳为食，同时制造氧气。数百万年后，动物出现了，它们呼吸的是氧气。这就是最早的**碳循环**。植物的叶子、大多数藻类和一些细菌会从空气中吸收二氧化碳，它们利用太阳光的能量，将二氧化碳和水转化为糖类，成为植物的食物。同时，这些植物、藻类和细菌还会产生氧气，而氧气又是人类和其他动物赖以生存的物质。这个过程被称为**光合作用**。所以你看，我们星球上的一切都相互联系，所有生命都是相互依赖的。

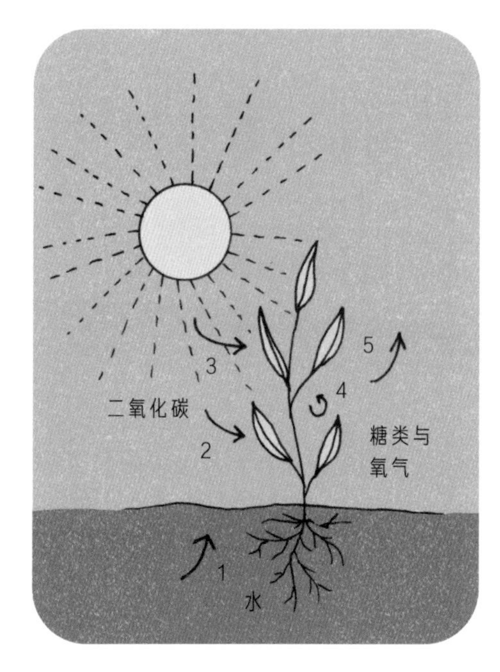

光合作用

因此，树木、灌丛、生长着藻类的湖泊和海洋，都是地球所不可或缺的。

俄罗斯、欧洲其他地区和北美的针叶林以及热带地区的雨林吸收了大量的二氧化碳。针叶林一

1 植物从土壤中吸收水分

2 绿叶从空气中吸收二氧化碳

3 植物接受光照获取能量

4 植物让水、二氧化碳转化为糖类与氧气

5 植物释放出氧气，并消耗糖类生长

年四季常绿，因此能不断吸收二氧化碳。生长着落叶树的森林，主要在树上有叶子的时候吸收二氧化碳。树木还能吸附大量的粉尘，对环境和我们的健康都有益处。

离岸边不远，生长在浅水区的海草也像森林一样，吸收大量的二氧化碳，它们吸收的二氧化碳甚至是同等面积雨林的35倍之多。因此，让地球上的森林和海洋保持健康极其重要。

10 沙漠为鱼类提供了食物

我们的星球上有1/4的土地是**荒漠**——荒芜而广阔的沙地或冰原，几乎寸草不生。最干燥的沙漠之一是智利的阿塔卡马沙漠，那里有些地方400多年都没有下过一滴雨。很少有动物生活在那里，因为几乎没有任何食物。

像鱼一样吃露天大餐

然而对地球上的生命来说，沙漠却极为重要。也许你不相信，沙漠是海洋生物非常重要的食物来源。沙漠中的沙子和灰尘含有肉眼看不到的微小有机物。风将沙子和灰尘吹到空中，其中大约有1/4会进入海洋。沙尘中所含的营养物质成了部分海洋生物（比如浮游生物和磷虾）的食物。磷虾是很小的甲壳类动物，也是鲸鲨和其他鱼类喜爱的食物。沙砾中包含的微小有机物竟然对海洋生物来说如此重要，而人类也受到了它们不少恩惠。

11 我们呼吸的氧气中有一半来自海洋

海洋中充满了氧气，它们来自**浮游植物**——用肉眼无法看到的微小藻类和细菌。浮游植物在海水中繁殖，通常不能自行移动，只能随波漂流。它们通过光合作用获取能量，吸收二氧化碳，释放氧气。天哪，太不可思议了！地球上有一半的氧气居然都来自浮游植物。

不仅如此，浮游植物还是**浮游动物**的食物。浮游动物也非常小，只有在显微镜下才能看到。浮游动物可以自行移动，但它们的力量并不足以逆着水流活动。它们是小型海洋动物的食物，而小型海洋动物最终又会被大型海洋动物吃掉。有些鲸也以浮游动物、磷虾及其幼体为食。浮游植物不仅为我们提供了生存所需的很大一部分氧气，还是水下食物链的基础。因此，保持海洋清洁非常重要。

我们不能在水里呼吸

浮游植物和浮游动物

你知道吗?

你知道水母也是浮游动物吗？水母身上98%都由水组成，它们没有逆着水流活动的能力。

遇到障碍的云

12 高山挡住了雨水的去路

由于降水过少，沙漠总是非常干旱。一个地区的雨、雪和冰雹的多少取决于许多因素，比如要看周围有没有山。

云就像是充满水的巨大气球，包含了从海洋、湖泊、河流和森林中蒸发的水。风将这个巨大的水球从一个地方吹到另一个地方，直到抵达一个特定的地点——比如说某座山。遇到这座山的时候，云层升高，温度降低，于是就会下雨或者下雪。和有风吹来的方向相比，山另一边的降水量就要少很多。这也意味着山两侧的山谷中，其中一侧可能比另一侧要干旱许多。比如在挪威和瑞典边境有一条山脉，叫斯堪的纳维亚山脉。因为这条山脉的存在，挪威的降雨量就比瑞典多。有时候，瑞典一侧的山谷降雨非常少，甚至会石漠化。这样形成的沙漠也叫**雨影沙漠**。同样成因的沙漠还有智利的阿塔卡马沙漠、美国的死亡谷和亚洲的戈壁沙漠。

你知道吗，不是所有的沙漠都很热。极地沙漠降水很少，却非常寒冷。沙漠里的沙土也并不总是特别贫瘠。有的沙漠里，下大雨的时候会有很多植物突然开花、生长，就像有人施了魔法一样。可不幸的是，沙漠里的土壤不能长久地保留水分，所以这些绿色植物很快又都消失了。不过沙漠中的沙土的确比人们想象中的更加肥沃。

13 地球其实是个“水球”

从太空拍摄的照片中，我们能清楚地看见地球是蓝色的。地球七成的面积都覆盖着海洋。奇怪的是，我们居然把自己居住的这颗行星叫“地球”而不是“水球”。海洋的平均深度大约为4000米，但最深的地方，也就是马里亚纳海沟有1万多米。地球上四大洋容纳了世界上约97%的水。

当太阳照在海面上，就会有一些水蒸发。当水蒸气冷却、凝结，就会形成巨大的云。这些云能上升到85千米高，并将一部分阳光反射回太空。风把这些云朵吹到各个地方，相当于将一升一升的淡水运送到世界各地。这些水最终会以雨、雪或冰雹的形式回到地面上。人类和动植物都需要淡水来维持生命，没有淡水，陆地上就不会有生命。除了水蒸气，海洋中的寒流和暖流对生命体来说也至关重要，它们为地球的各个地方重新分配了热量。最后，海洋也从大气中吸收了大量的热量。

如果海洋升温太多，地球的热量平衡就会被打乱。温度高的水会蒸发得快，造成更多、更猛烈的飓风。水温升高也会对海洋生物产生影响，你可以从后面的一些新鲜事中了解更多这方面的知识。

14 来喝杯冰川水吗?

在一些地方，天气非常寒冷，下雪的时间很长。底层的雪还没融化就被新下的雪覆盖、挤压，最终变成了坚固的冰。我们将这些大面积被挤压的冰和雪称作**冰川**。地球陆地表面有约 1/10 的面积覆盖着冰川。

一般来说，冰川的面积相当大。最小的冰川也有一个足球场那么大，而最大的冰川在南极洲，叫**兰伯特冰川**，长 430 千米，宽 100 千米。由于重力作用和不断移动，冰川会不断地改变形状，这种变化肉眼无法观测到。有时候，会有一块冰从冰川上断裂开来，掉进海里，变成冰山。人造地球卫星一直监测着冰川的情况，这样科学家就能知道冰层的厚度是多少，以及冰川是在变大还是变小。

冰川几乎到处都有。唯一没有冰川的大陆是澳大利亚。赤道附近也有冰川，比如厄瓜多尔和墨西哥境内。冰川储存了地球上的大量**淡水**。地球上只有 2.1% 的水是淡水，其中有 69% 都储存在冰川中。这么说吧，你打算喝的这杯水，可能就来源于某座冰川。

请给我一杯冰川水

15 南极和北极是地球的空调

在我们星球的两端，即顶部和底部，就是地球的两极。两极是地球上最冷的地方，不过它们也有四季。**北极**没有陆地，完全由海水结的冰组成，它实际上是一块冰冻的大洋，即北冰洋。北极的平均温度是 -16℃。冬天，北极的冰层会以很快的速度增厚、扩张；而夏天，冰层则几乎完全融化。格陵兰岛上的确有厚达 1000 米至 4000 米的陆地冰，但它并不属于北极。北极和格陵兰岛是北极熊、海豹和许多其他动物的家园。

南极，也就是**南极洲**，是地球上最冷的地方，平均温度低至 -52℃。这块大陆已经在冰雪中度过了 3000 多万年，大陆中央的冰层厚度高达 4000 米。春天，一部分冰层融化，周围的海洋中就会有许多企鹅和鲸之类的动物。这是因为在冬天，海藻会在冰层下生长，就像田野中的草一样。在冰层下活动的磷虾很喜欢吃这些藻类。一旦冰层开始融化，企鹅和其他动物就会潜入水中捕食磷虾。鲸也会游向南极，因为它们知道那里有大量的食物。现存的几乎所有座头鲸都会来“南极餐厅”做客。除此之外，虎鲸喜欢吃鲜嫩多汁的企鹅和海豹，信天翁和其他海鸟也会从海洋动物们的残羹剩饭中捡一些碎屑果腹。

南北两极就像是两张巨大的白色盾牌，能反射太阳的光线，是地球的“**天然空调**”。但随着这两张盾牌的面积不断缩小，能反射的阳光也开始减少。海洋的颜色比冰层深，因此会吸收更多的热量。如果“空调”面积太小，就没法这么高效地给地球降温了。

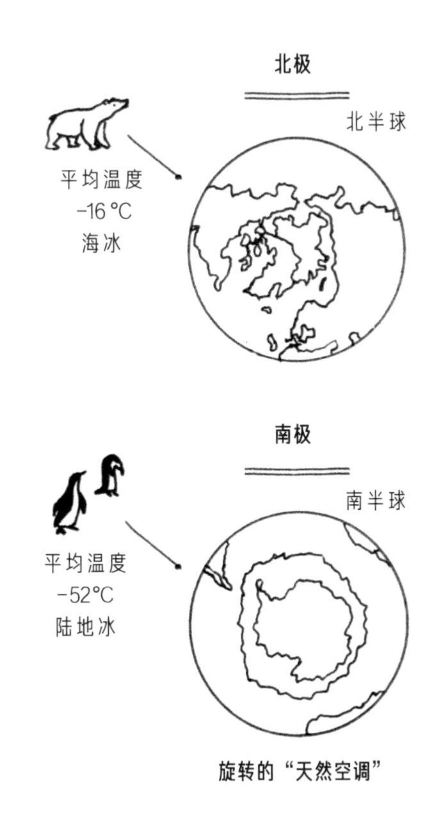

旋转的“天然空调”

洋流的走向

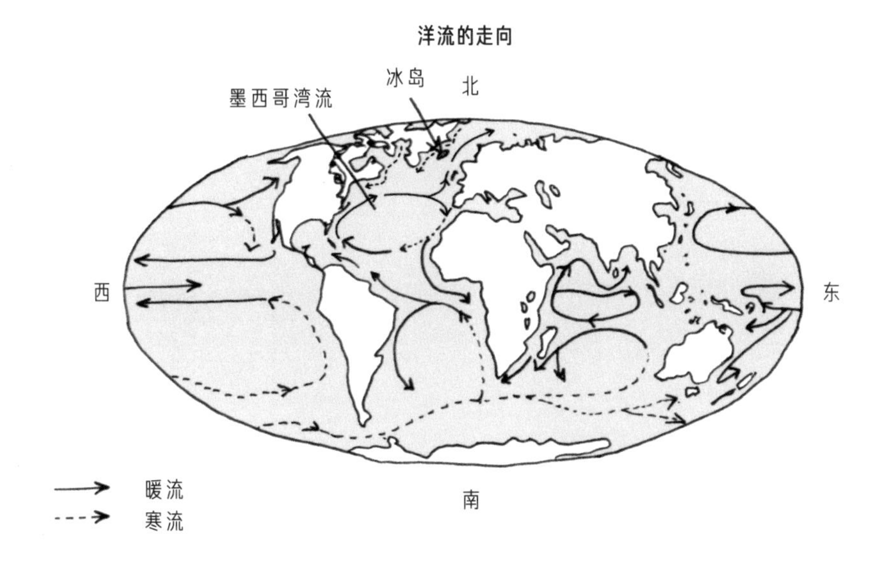

16 冰岛没有你想象的那么冷

听到**冰岛**这个名字时，也许你会想到这是一个非常寒冷的国度。的确，冰岛离北极不远，在冬天也会变得相当冷。但你知道吗，冰岛首都**雷克雅未克**的年平均温度其实是5℃。这可要比阿拉斯加高多了。阿拉斯加与北极的距离和冰岛离北极差不多，但那里的年平均气温却只有-3℃。

冰岛没有那么冷，主要是因为**墨西哥湾流**。这股暖流从墨西哥湾出发，从加勒比海的北部和东部带来温暖的海水。到了北大西洋，墨西哥湾的一条暖流伊尔明格海流就通向冰岛的南部和西部海岸。暖流加热了空气，使冰岛的平均温度要高于阿拉斯加。因此，正是来自加勒比海的暖流，决定了远在数千千米之外北欧国家的气候。

17 从数万到 80 亿

约 30 万年前，**智人**诞生了，也就是我们今天所说的人类。30 万年听起来很长，可和地球的历史相比其实又并没有那么长。要知道，地球已经有 45 亿多岁了。一开始，人类的数量并不多，即使在 5000 年前，地球上的人口也不到 2000 万人。人口缓慢而稳定地增长着，到了 1500 年，我们已经有了 5 亿人，300 年后，我们更是突破了 10 亿人大关。从那时起，人口就快速增长起来。1900 年，地球上有 16 亿人，而一个世纪后，也就是 2000 年，人口数量已经增长到了 63 亿。如今，地球上约有 **80 亿人**，并且每天还会有 22.7 万人降生。人口最多的国家是印度和中国。科学家怀疑，21 世纪末，世界人口将增长到 100 亿左右。

人口数量真的很大，非常大，而且所有人都需要干净的空气、饮用水和食物。此外，那些发达国家的人消耗的资源远远超出了地球能承受的范围。如果每个人都大量使用资源，地球根本就没法生产足够的食物，也无法处理所有废物。更不幸的是，目前我们还没有找到其他可以居住的星球。

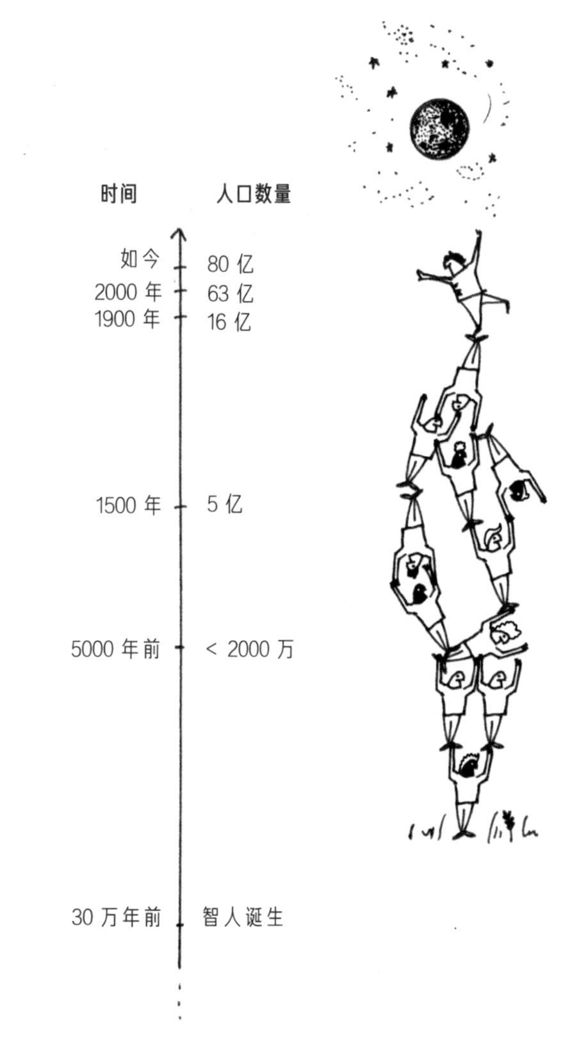

注：本书中所有数据为原版书2019年出版时的数据。

18 我们的生态足迹非常大

1992年，两位加拿大科学家发明了一种计算方法，用于衡量人们和国家使用多少原材料、水和土地来生产食品和其他产品。他们将这种计算结果叫做**生态足迹**。你可以计算一个人、一个国家或者一种产品的生态足迹。生态足迹会告诉你，你的生活需要消耗多少原材料、水和土地，它和你的饮食、交通、衣服、供暖、买的东西等都有关联。生态足迹还涉及一个人或国家制造了多少垃圾。生态足迹用“公顷”这个单位来表示，体现了你所有的生产生活以及废物处理所需要消耗的土地和水的面积。1公顷是1万平方米，相当于一个半足球场大小。

如果我们公平地分享所有资源，那么我们每个人都可以获得1.8公顷土地，也就是比2.5个足球场多一点的土地。这就是世界资源的**公平分配**。但全世界现在的人均生态足迹却接近2.8公顷。这是因为发达国家的生态足迹非常大，欧洲人的平均生态足迹为4.4公顷，美国人的超过9公顷，而来自阿拉伯联合酋长国的人，平均足迹甚至超过了10公顷。非洲的平均生态足迹要低得多，每人只有1.1公顷。那么，我们是不是都要像非洲人那样生活？并不是，但你可以通过了解一些知识来减少自己的生态足迹。

在世界所有国家中，美国、印度和中国的生态足迹最大。这是因为有很多东西是在印度和中国制造的，也是因为这两个国家的人口很多。至于美国，生态足迹很大的原因主要是人们的消费水平非常高，而且也产生了很多垃圾。

你的水足迹有多大？

19 地球上的淡水非常稀少

在第 13 件新鲜事中，我们已经知道了地球表面的 70% 以上都是水。当然，这些水主要指的是咸水，其中只有很小一部分是淡水。而在这很小一部分中，我们能使用的就更少了……

但地球上的所有生命都需要水，尤其是淡水。植物、人和许多动物都需要淡水。我们需要用淡水洗澡、洗碗、洗衣服。农民需要淡水来种植作物，工厂也需要淡水来制造生产。举例来说，制作 1 件 T 恤就需要 2700 升的水，这包括从种植棉花到织物着色中所耗费的水的总量。制作 1 条牛仔裤需要 7500 升水，产 1 千克鸡肉需要 3900 升水，产同等重量的牛排需要 15500 升水，就连生产一张 A4 纸都需要消耗 10 升水。

和生态足迹一样，我们也有一个用于计算**水足迹**的公式。首先，我们要统计家里水龙头里流出了多少水，这些水用于饮用、洗澡、烹饪、洗衣、洗碗和扫除等。除此之外，我们还需要计算你购买的产品消耗了多少水。对于荷兰人来说，有些产品是国产的，有些则来自某些遥远的国家，通常来讲，那些国家比荷兰更缺水。如果把这些都加起来，一个荷兰人平均每年要消耗 230 万升水，一个比利时人平均每年则要消耗 270 万升水。这两个国家的人均水足迹相当于一个奥林匹克游泳池里的水量，约为世界人均水足迹的两倍。这些水中只有 2% 来自我们自己的水龙头，其余都是我们购买的产品所消耗的水。

减少我们的水足迹非常重要。你可以注意减少家里的用水量，购物的时候仔细思考，从而减少自己的水足迹。

20 几乎所有哺乳动物都是牲畜

人类开始耕作的时候，开始决定驯服动物。早上给牛挤奶或是从母鸡窝里捡鸡蛋，可要比打猎和在鸟巢里摸蛋方便多了。这些被驯服的动物与人类一同生存了下来，如今，世界遍地都是牲畜家禽。

- 全世界有不少于 15 亿头**奶牛**，其中有大约 1/3 在印度。除了这些牛以外，世界上还有约 1.75 亿头家养**水牛**，它们主要生活在亚洲。
- 世界上约有 11 亿只**羊**，主要分布在中国、澳大利亚和印度；**猪**大约有 10 亿头，其中有一半都生活在中国。除此之外，还有 8.6 亿只**山羊**、6000 万匹**马**和 4000 万头**驴**，总共有 47 亿只哺乳动物成了人类的牲畜。要是算上宠物，还有 9 亿只**狗**和 6.25 亿只**猫**与人类朝夕相处。
- 我们还可以继续列举。地球上所有的鸟类中，有 70% 是**家禽**，其中**鸡**的数量最多。据统计，地球上有大约 190 亿只鸡，平均每个人能分到 2–3 只鸡。中国人吃的鸡和鸡蛋最多。当然，也有许多人把小鸡当作宠物。
- 所有动物都需要饲料和生存空间。在我们的农业用地中，有超过 70% 的土地用于种植牛的饲料。当然，牛也需要淡水（见第 19 件新鲜事）。所以，少吃或不吃肉有助于节约土地和淡水，从而确保有足够的资源来养活所有人类。举例来说，你可以加入“**无肉星期一**”。这是一个全球性的运动，呼吁人们每周都吃一天素。如果有很多人坚持这样做，就能对环境和气候产生巨大的积极影响。

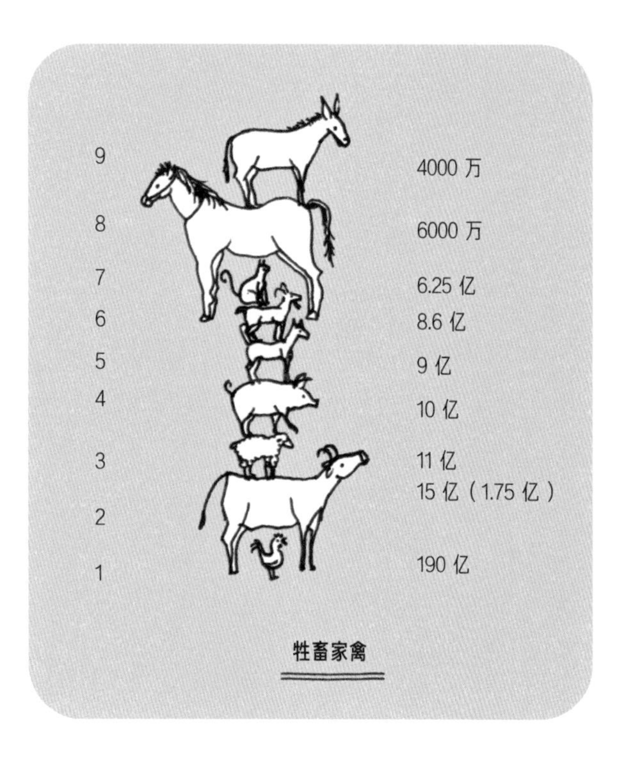

牲畜家禽

21 万物皆有关联

地球上的一切事物都相互联系着。事实上，整个地球就是一个巨大的**生态系统**。这个生态系统由地球上的植物、动物和微生物组成，它们彼此依赖，不能离开对方而单独存在。

所有生态系统都由两部分组成：**群落生境**和**生物群落**。群落生境指环境，就是容纳生物群落的地方；而生物群落则指群落生境中生长、繁衍和生活的一切生物种群。森林、海洋、草原、珊瑚礁、沙漠……就连你的花园或客厅里的盆栽都是一种生态系统。

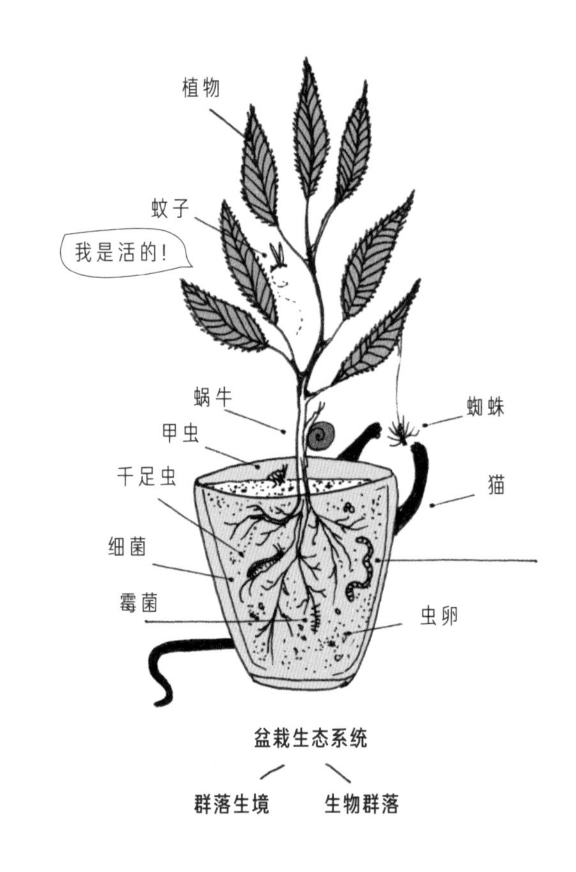

生态系统里最常见的关系就是“吃与被吃”，我们将这种关系称作**食物链**。一种生物以另一种生物为食，一种生物的排泄物又是另一种生物的食物。我们就以森林为例，森林里充满了绿色植物：树木、灌木丛、花朵和苔藓。这些植物从土壤中获取养分，而一些能保持土壤健康的微生物和昆虫能为它们提供养分。蠕虫、甲虫、毛毛虫还有其他昆虫以绿叶和腐木为食。老鼠喜欢吃鲜美诱人的甲虫，而鼹鼠则喜欢吃蚯蚓，当然，它们也必须时刻谨慎，以防自己一不小心就上了狐狸的餐桌。与此同时，蜜蜂和其他传粉昆虫从花朵中采集花蜜，并为各种植物授粉。也许森林里还会有鹿和野猪，它们会食用绿叶、栗子或橡子，而它们的粪便又会成为蜣螂的美食。树枝上，鸟儿为自己的孩子筑起了巢，它们从巢中起飞，去捕捉昆虫。

我们还可以列举很多这样的关系。由此可以看出，森林里的所有东西都是相互关联的，并形成了一种生态平衡。如果这个平衡中的某种要素发生变化，那么整个生态系统都会随之改变。如果发生的变化很小，那么生态系统能自行适应这种变化；如果变化非常大，比如某种动物彻底消失了，那么整个生态系统都可能崩溃。

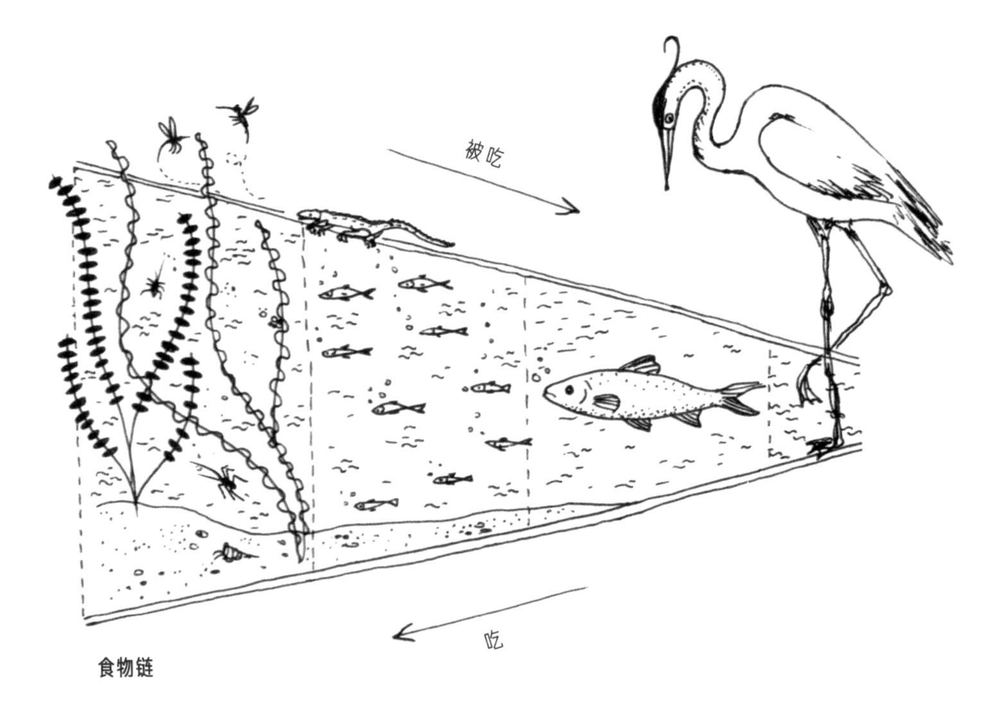

食物链

22 是的，我们需要蚊子

你大概不会喜欢**蚊子**。它们嗡嗡乱叫，让你在夜晚无法入睡，而且它们还总是咬人。但蚊子的存在是必要的。蚊子的幼虫是鱼类的食物，蚊子本身也是鸟类和爬行动物的美食。

每个生态系统中都会有许多不同类型的动植物，这就是所谓的**生物多样性**。我们需要很多不同种类的动植物来维持世界的正常运转。不同的物种能让大自然保持平衡。目前，科学家已经统计了约200万个动植物物种，不过他们确信，地球上一定还有更多其他的物种。

首先，生物多样性为我们提供了充足的食物，75%以上的粮食作物和90%以上的开花植物都需要昆虫和其他动物才能生长。你是喜欢苹果、梨、杏和桃子，还是喜欢西葫芦、辣椒和南瓜？它们的存在都要归功于各种动物。有20万种以上的动物能为植物授粉施肥，如果生物种类不够多样，人类就会被饿死。

我们还需要从大自然中获得药品、衣服的原料、建造房屋的木材以及燃料，就连我们呼吸的氧气也是因生物多样性才产生的。可不幸的是，越来越多的物种正在灭绝，而人类是罪魁祸首。一个物种一旦消失，就再也不会出现了。因此，我们的生态系统变得比之前更加脆弱，甚至可能会完全崩溃。大自然馈赠给了我们许多资源，如果我们不保护它，这些资源就会越来越少。

23 没有珊瑚礁，海洋中就不会有生命

珊瑚礁是颜色鲜艳的水下森林，它生长在浅海中，主要由珊瑚虫分泌的钙构成。约有 0.1% 的海洋下有珊瑚生长。也许这个数字听起来没多少，但因为海洋本身的面积很大，所以珊瑚礁的面积也不容小觑。珊瑚在生态系统中的作用极为重要。

珊瑚礁的浅绿色、蓝色、橙色和棕色来自非常微小的藻类。这些藻类生活在珊瑚上，以二氧化碳和珊瑚虫分泌的废物为食。正好，藻类产生的氧气和营养物质也是珊瑚虫所需要的，它们相互依存。

健康的珊瑚礁能为小鱼提供食物。小鱼以藻类为食，同时它们自己也是大型捕食性鱼类的食物。珊瑚礁是小鱼的避难所，小鱼能在珊瑚礁里躲避危险。有 1/4 的鱼依靠珊瑚礁生存，如果没有珊瑚礁，渔民能捕到的鱼就会大大减少，人类的食物也会随之减少。

不过，珊瑚礁的作用还不止于此。它还是天然的**防波堤**，能让陆地免受洪水和潮汐之害。如果珊瑚礁消失了，沿海地区就更有可能在风暴中遭受严

→ 海浪　← 珊瑚礁

天然防波堤

重的损失。

因此，珊瑚礁是极为重要的生态系统。可不幸的是，越来越多的珊瑚礁正在消亡，这对海洋生物来说十分危险。当然，对人类也是。

24 鲨鱼对我们的生存非常重要

你相信这种说法吗？可事实的确如此。有些**鲨鱼**处于海洋食物链的顶端，是真正的捕食者。这意味着它们能捕食各种动物，却鲜有天敌，只有虎鲸会以它们为食。这些鲨鱼捕食其他鱼类，也会吃海洋哺乳动物、鸟类和腐肉（动物尸体）。有一种鲨鱼叫姥鲨，它们没有锋利的尖牙，却有密密麻麻的鳃耙，鳃耙能过滤海水，捕食浮游生物和磷虾。生活在北海[1]的小型鲨鱼最喜欢吃的是贝类。

如果某个地方的鲨鱼消失，这里的自然环境就会迅速恶化。如果没有鲨鱼，就会有其他物种占领食物链顶端，大量繁殖，而其他鱼类则可能面临灭绝，它们对珊瑚礁来说可是非常重要的。如果它们灭绝，珊瑚礁也会生病或死亡，这对海洋和我们人类来说都将是一场浩劫（见第 23 件新鲜事）。

在过去的 4.5 亿年中，鲨鱼一直保持着海洋环境的健康。但不幸的是，鲨鱼目前的生存状况并不乐观。人类为了鲨鱼肉和可以煲汤的鱼翅大量捕捉鲨鱼。

虽然每年都有大概 100 人受到鲨鱼的袭击（在 2018 年就有 5 人因鲨鱼遇难），但和人类每年杀死的 1 亿条鲨鱼相比，鲨鱼袭击的人数就算不了什么了。每一秒钟都会有 3 条鲨鱼死亡……现在，你已经知道鲨鱼对维持海洋的健康来说有多么重要了吧。所以说，过度捕捞鲨鱼是一件非常可怕的事！

鲨鱼看医生

1 北海位于欧洲大陆的西北部，是大西洋东北部边缘海。这一海域位于荷兰北部，并因此得名。——译者注

25 海上的“建筑师”

我们有时候会把大叶藻、大米草、贻贝和牡蛎等生物叫**生态系统工程师**。它们只要待在那里，就能改造环境。它们能让某片海域变得更受其他物种的青睐，在这方面，它们和珊瑚礁的作用有些相似。

想象一下，假如有一片光秃秃的卵石滩，涨潮的时候，生活在那里的动植物会被移动的卵石挤来挤去；退潮时，失去了海水的湿润，它们会被太阳晒干。幸好有**大米草，**它的根部可以将卵石固定住，叶子能为卵石滩上的生物提供荫蔽。这样一来，涨潮时，卵石不再四处移动；退潮时，动植物也不再被太阳晒干。于是，卵石滩上开始有更多的生物存活，其他动物也有了更多的食物。

大叶藻也能起到相似的作用。它能防止沙子被海浪冲走，从而形成一层厚厚的泥浆。螃蟹可以在泥浆里挖掘螃蟹洞，鱼可以在螃蟹洞里产卵。有大叶藻的地方，物种更容易存活，生物的多样性也因此而增加。

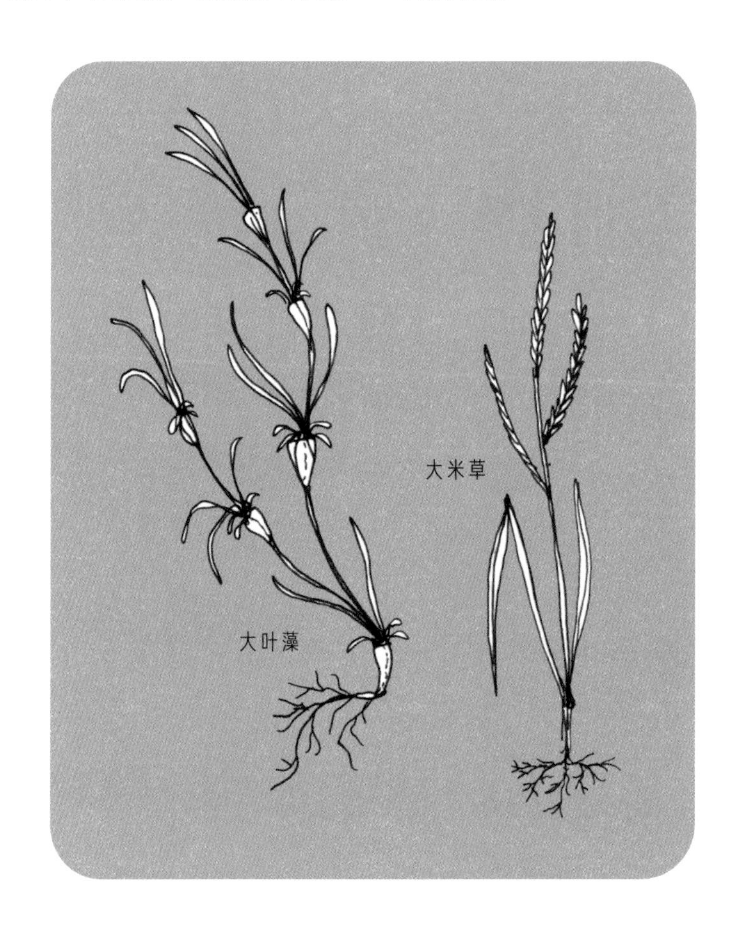

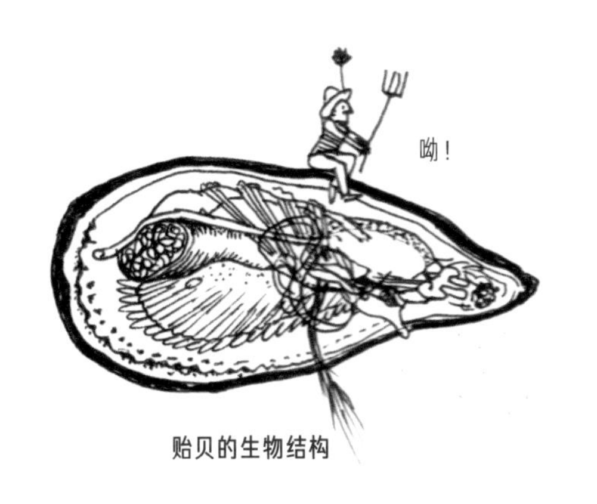

贻贝的生物结构

贻贝和牡蛎常常彼此粘在一起，形成非常结实的**贻贝层**或**牡蛎层**，吸引蜗牛、虾、海藻等其他生物来此定居。渐渐地，喜欢吃蜗牛和虾的鱼类也被吸引到了这里，吃鱼的水鸟也是如此。除此之外，贻贝和牡蛎还能净化水源。所以说，海洋中的贝类、大叶藻和大米草非常重要，它们能增加生物多样性，让我们的海洋保持健康。

可这些生态系统工程师最近遇上了大麻烦。化学物质和塑料垃圾不断污染着海洋，渔网刮擦着海床，藻类和甲壳类动物的生物结构受到了损害。因此，这些工程师已经没法像以前那样有效地改造环境了。

26 毛毛虫和大象都爱吃树叶

非洲南部有一片名叫“**米翁波**”的森林。这片森林有些特别，它坐落在一片广袤的平原上，既缺乏水源，也没有什么食物。春天，**毛毛虫**从卵中孵化出来，以树上的嫩叶为食。很快，森林就被吃得光秃秃的。毛毛虫成长得非常快，可以长到出生时的 40 倍那么大。这时候，住在米翁波森林里的人就可以享用毛虫大餐了。

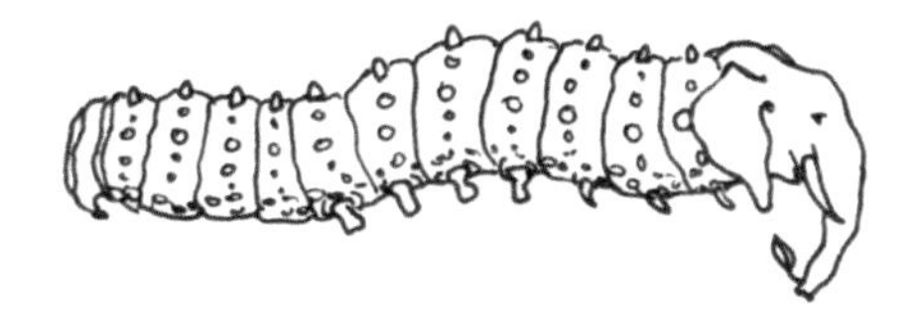

等到毛毛虫都被人们捕捉殆尽，森林再次长出了叶子，鸟语花香，一切都欣欣向荣。而森林周围的平原已经完全干旱，几乎没有任何食物和水源。因此，这片森林吸引来一大批哺乳动物。首先是**大象**，它们以米翁波森林里的树枝和树叶为食。一头成年大象每天可以吃 200 千克的树枝和树叶，它们让过于茂密的森林重新开阔了起来。这对于鹿和羚羊等动物都有好处。非洲野狗也很喜欢开阔的森林，只有在这里，它们才能轻松地捕猎，除此之外，它们还可以在地底下挖土筑巢，繁衍生息。

毛毛虫和大象都让米翁波森林保持了健康，让它成为许多其他动物的庇护所。这是一个很好的例子，说明万物皆有关联。

犀鸟的肚子里装着它们吃掉的种子

27 粪便如何让森林保持健康

你肯定会说："粪便当然有用，动物的粪便可以当作肥料。"的确如此，不过动物的排泄物对森林的贡献要比这多得多，没有它们，森林就无法存活。

让我们来到印度的西高止山，这里有许多不同类型的雨林，是近 140 种哺乳动物、500 多种鸟类、200 多种爬行动物、180 多种两栖动物和很多种蝴蝶的家园。有些物种已经濒临灭绝，仅在西高止山上还能找到它们的踪迹。

猴子生活在森林里，它们喜欢吃水果，吃得肚子饱饱的。水果的种子没有完全被它们消化，而是随着粪便一起排泄了出来。于是，新的果树由此开始生根发芽。可惜猴子的活动范围不是很大，所以种子只能在它们附近传播。幸运的是，这里还栖息着美丽的犀鸟，它们喜欢吃无花果，有时候森林里的无花果树能吸引来上百只鸟儿。犀鸟吃完无花果就会在森林里飞来飞去，在途中将未消化的种子排泄出来，于是，无花果和其他果树的种子便会随着它们的粪便落在森林里的各个角落。这些动物通过排便的方式帮助森林繁衍生息，让森林变得更加郁郁葱葱。多么聪明的行为，你说是不是？

28 没有备用行星

不知道你有没有听说过“没有备用行星”这句话，它意味着地球是整个太阳系中唯一能让人们生活舒适的行星。地球的温度不高不低，有氧气可以呼吸，有水可以喝，可以免受阳光直射，还有足够的食物，而且还非常美。为什么会有人想去另一个星球生活？周围可没有星球适合人类生存。

以**水星**为例，白天，它的地表温度可以达到465℃，但晚上会降到 -185℃，这对人和动物可都不太友善。除此之外，那里既没有液态水，也没有大气层，太阳的紫外线会直接抵达地表，人根本受不了。那**金星**呢？不行……那里非常热，大约有475℃，还有硫酸云，也非常不适合人类。至于**火星**，它太冷了。虽然在火星上已经发现了液态水，但水都储存在大型地下湖里，它的大气层也不能隔绝足够的紫外线，所以也不太适合人类居住。**木星**、**土星**、**天王星**和**海王星**都是离太阳很远的气态巨行星，任何生物都无法在上面存活。

当然，也有科学家正在研究移居到其他星球的办法。也许有一天，他们的确会找到一个可能存在生命的星球，但谁知道呢？地球上的生物已经繁衍了数百万年，早就适应了地球的生活，前往其他星球会很难适应。所以，最好的办法还是想想怎么让我们的地球变得更宜居吧！

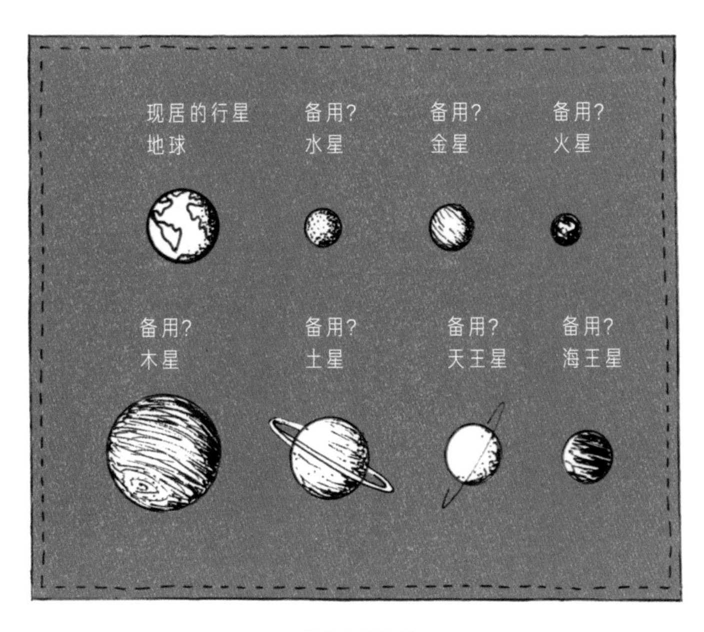

没有备用行星

29 我们和花朵都不能没有蜜蜂

如果没有**蜜蜂**和其他“嗡嗡叫”的小家伙，大自然就无法存在。我们吃的很多农作物都要靠这些昆虫授粉才能结果。如果你想吃苹果、梨、覆盆子、黑莓、辣椒、西葫芦、南瓜或是其他水果和蔬菜，就需要大量“嗡嗡叫”的小家伙。蜜蜂会被花朵吸引，钻进花朵深处，寻找甜甜的花蜜。这时候，花粉颗粒就会粘在它们身上。当它们落到另一朵花上的时候，花粉就会落下，使植物受精，然后结出果实。所以说，你能吃上水果和蔬菜要归功于这些“嗡嗡叫”的小家伙。

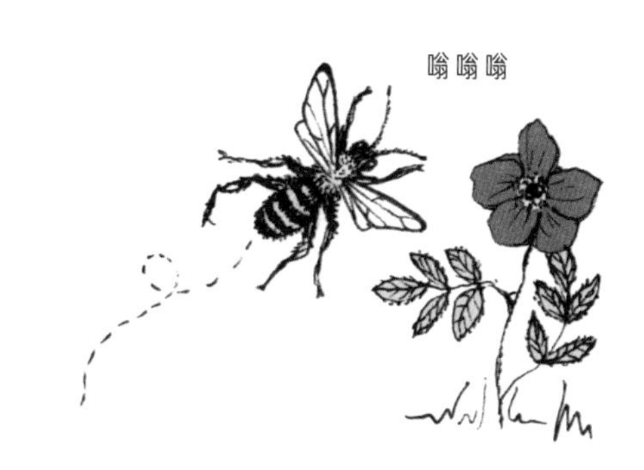

花朵与蜜蜂

蜜蜂把花蜜酿造成蜂蜜，酿造1千克蜂蜜需要1600万朵花的花蜜。它用自己酿的蜂蜜来过冬，同时也乐于和我们分享。工蜂们日复一日忙于采蜜，同时也为成千上万朵鲜花授粉。一般来说，每个蜂巢中都有大约两万只蜜蜂。

不幸的是，蜂群的生存情况并不乐观。欧洲已经有近1/3的蜂群死亡。有一部分原因是**瓦螨**感染——瓦螨是一种寄生虫，会置蜜蜂于死地。还有

花朵结构图

一部分原因在于人类，由于农民和园丁经常使用有毒的**农药**或杀虫剂，能供蜜蜂采集花蜜的花朵便越来越少，蜜蜂因此受到牵连。如果没有了蜜蜂，我们不仅吃不到蜂蜜，很多其他食物也将吃不到了。你可不希望这样，对吗？

农民们已经逐渐意识到，他们需要蜜蜂。他们开始减少杀虫剂的使用，或者用对蜜蜂伤害较小的杀虫剂，并为了蜜蜂专门在田地里留一些空地，让野花自由生长。荷兰政府降低了在路边割草和修剪植物的频率，好为蜜蜂留下更多的野花。政府还在很多地方放置了蜂巢，包括城市的屋顶上。各个地方都在努力增加蜜蜂数量。所以，如果有蜜蜂从你身旁嗡嗡飞过，不要赶走它，向它抛个飞吻吧！

蜜蜂最大的天敌瓦螨

二

气候和地球都在不断变化

30 46 亿年里变幻莫测的气候

我们的地球已经 46 亿岁了，而人类的历史却只有大约 30 万年。因此，地球比人类老得多。

- 地球诞生之后，气候经历了很多次变化。有些时候，它几乎完全被冰雪覆盖。约 7 亿年前，地球就像是飘在太空中的一个雪球，平均气温只有 –45℃。冻死人了！当时，地球上几乎不可能有生命存在。
- 有些时候，地球则比现在热得多。比如说，极地上都没有冰，连棕榈树都能在北极生长（见第 31 件新鲜事）。
- 从大约 270 万年前开始，地球上开始交替出现**冰期**（冰川期）和**间冰期**，两者之间的间隔约为 10 万年。最后一次冰期结束于 12000 年前，然后一个间冰期开始了，也就是我们所说的**全新世**。至今，我们仍处于这一时期。
- 多数气候变化完全是自然现象，你可以在后面的内容中学到更多有关气候变化的知识。

“古老”的地球
46亿岁

“没那么老”的人类
30万岁

31 5500 万年前，极地也可以晒日光浴

5500 万年前，地球的平均气温大概是 25℃。就算是冬天，极地也不会结冰。你可以躺在极地的棕榈树下，看着河马和鳄鱼的祖先在身边走来走去。至于地球当时为什么那么温暖，科学家至今也没能研究出来。只用了 2 万年（对地球来说 2 万年非常短暂），地球的平均气温就升高了 5℃ 以上。

也许是因为当时四处爆发的火山导致了地球变暖，也有可能是海洋深处发生了什么，让气温突然上升。有很多动植物在地球很冷的时候被冻在了海底；但随着温度上升，这些残骸释放出一种气体——**甲烷**。它在海底形成巨大的气泡，并升到海面上。气泡破裂后，甲烷最终进入大气层，与二氧化碳一起，形成温室效应，气温随之升高。

之后的整整 2000 万年，地球都非常温暖。

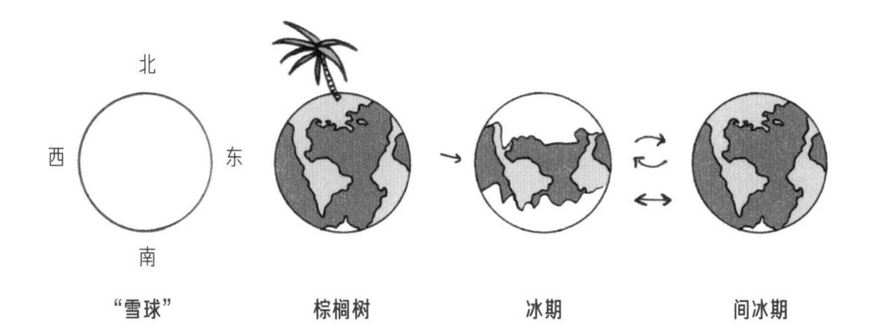

3500 万年前，南美洲和大洋洲从南极分离出来，并越漂越远。南极周围的海水由于没有暖流汇入，温度迅速下降，形成了坚实的冰盖，到今天也没有融化。后来，其他的海洋也日益降温，地球又经历了几个大冰期，我们也就不能在极地晒日光浴了。

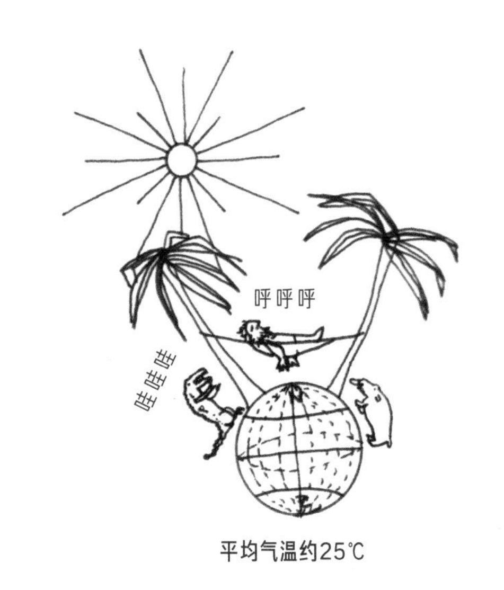

32 极地是一面镜子

在炎热的夏天，你更喜欢穿白色还是黑色的衣服呢？我猜你更想穿浅色的衣服，因为浅色反射阳光的效果更好，能让你觉得凉快一些。而黑色或深色的衣服会吸收阳光，让你出汗。物体反射太阳辐射的能力叫**反照率**。

云朵、雪地、冰层、水面，所有类似于镜面的物体表面都会产生**反射**。新鲜的冰雪反照率高达80%—95%，可一旦冰雪融化或变脏，反照率就会下降到40%—70%。云朵的反照率介于40%至90%之间，与云的厚度、大小，阳光照射的角度，以及构成物（水或冰晶）有关。但其他物质的反照率就没有那么高了。水面的反照率为10%—60%，它与阳光和水面的夹角，以及水面的平整程度有关。如果整个地球上都覆盖冰雪，那么地球的反照率能达到84%；要是没有冰雪和树木，它的反照率就只有14%。

想想格陵兰岛、南极洲和高山上的冰川吧！一旦它们消失，地球的颜色就会变暗，反射阳光的能力也随之下降。这样下去，海水的温度就会逐渐上升，从而导致气候发生剧烈变化。

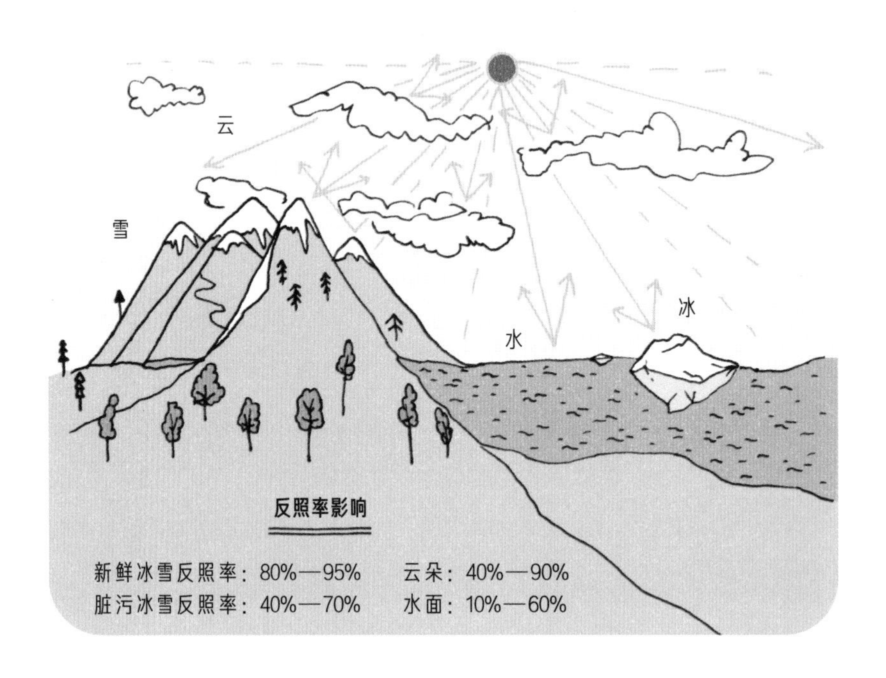

厄尔尼诺现象

33 “圣婴”与气候

每隔一段时间，南美洲西海岸的太平洋就会出现一些不同寻常的变化。一般来说，海水都是冰凉的，但有些时候海水的温度会异常升高。由于这种现象的高峰期常常在圣诞节前后，当地的渔民们便将它称作**厄尔尼诺**（El Niño），也就是西班牙语里的“**圣婴**”。这种暖流对天气和环境的影响很大。

渔民们并不想遇上这位“圣婴”。水温上升之后，鱼的食物就会减少，因而遇上厄尔尼诺的时候，渔民捕获的鱼会比平时少很多。同时，厄尔尼诺也会对全球的气候产生影响。因为温度高的水蒸发得更快，所以厄尔尼诺会在一些干旱的地方造成极端降雨，还会在南美洲安第斯山脉下形成洪水和泥石流，冲毁人们的房屋。大洋彼岸的人们也会受到厄尔尼诺的影响，澳大利亚、印度尼西亚和南亚地区会陷入极度干旱，导致大规模森林火灾和农业歉收，非洲也会因此陷入极为严峻的干旱。

科学家无法准确预测厄尔尼诺出现的时间，不过，平均3—7年，就会出现一次厄尔尼诺现象。

与厄尔尼诺相反的气候现象也存在，那就是**拉尼娜**（La Niña，西班牙语中的“女婴”）。拉尼娜到来的时候，太平洋东部的海水温度比平时更低。这一现象可能会让某些地区更加干旱，也会给加勒比地区带来更多飓风。不过总体来说，拉尼娜的影响不如厄尔尼诺那么严重。

34 火山爆发，陨石坠落

有时候，地球内部的物质会喷涌到地表外面，这就是**火山爆发**。火山爆发会对气候产生严重的影响。除了流淌的熔岩，火山还会喷出大量灰尘和硫黄。这些成分会进入大气，阻挡阳光，当阳光难以抵达地表时，地表就会更加寒冷。火山爆发也会释放出更多的二氧化碳，让地球上的生命更难存活。史上最剧烈的火山爆发是**坦博拉火山**爆发，发生在印度尼西亚的松巴哇岛上。不过，即使是西西里岛的维苏威火山爆发、冰岛的拉基火山爆发和菲律宾的皮纳图博火山爆发等较为小型的火山爆发，也会

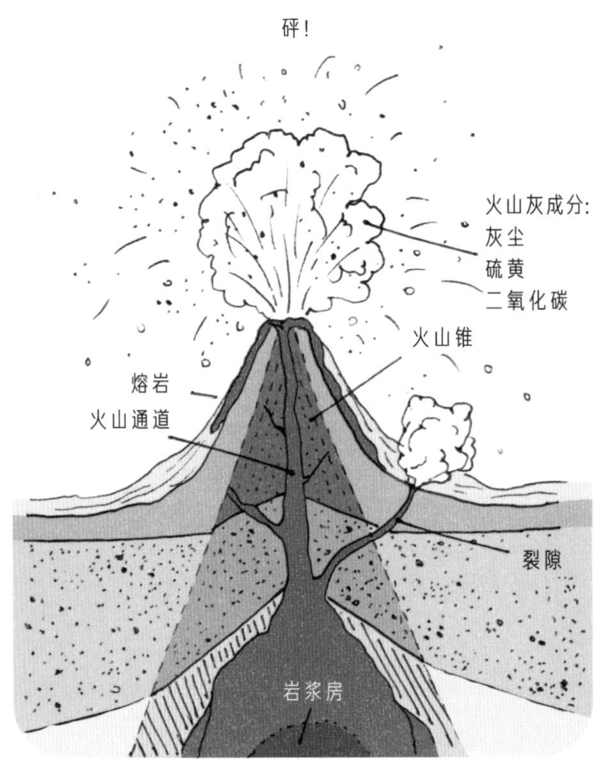

火山爆发

引起明显的气候变化。

有时，灾难来自外太空。**陨石**撞击会让气候瞬间改变。想想**恐龙**时代坠落在墨西哥的那颗陨石吧，它造成了巨大的尘埃云，让地球变得寸草不生。植被死亡，食草动物就没了食物；而没有食草动物，食肉动物就会被饿死。恐龙在地球上生存了超过 1.65 亿年，但那颗可怕的陨石和接踵而来的气候变化让它们很快灭绝了。

是食物吗？

35 气候变化让人类学会了说话

530万年前到260万年前，地球处于**上新世**。这一时期的平均气温比现在高3℃，因此海平面也较高。炎热的气候使非洲变得非常干旱，食物也越来越少。可供狩猎的动物很少，植物也几乎不结果，于是早期人类的生活愈发艰辛。食物实在太少的时候，人类还需要往其他地方迁徙。

不过，粮食短缺也有一个好处：迫使人们更好地相互**沟通**。只有这样，他们才能知道哪里还有食物，或者是不是又该迁徙了。

因此，气候变暖让早期人类不得不适应崭新而更加干旱的环境。他们的"交谈"变多了，也更流畅了。人类的脑容量因此逐渐增加，变得更聪明。

由于干旱，可以采摘的果实越来越少，于是，早期人类也增加了狩猎的频率。肉很好吃，却不太好消化。很快，人们就发现，如果把肉放在火里烤一会儿，就会让肉变得更好消化。没过多久，他们就学会自己生火了。因此，气候变暖间接地让人类掌握了语言和取火的方法。

36 气候变化让人类扩散到了各个大洲

曾经有段时间，**非洲**极为干旱，几乎所有的森林都消失了，只剩下一大片草原，间或生长着几丛灌木和小树。在茂盛的草丛中，人类开始直立行走，这样就能更好地观察四周，既能看到美味多汁的猎物，也能及时发现捕食者。

约180万年前，地球开始降温，一个冰期开始了。极地的面积越来越大，地球上很少降雨，但一直在降雪。这些雪停留在地表，逐渐形成固体冰层，陆冰和海冰面积因此大幅增长。由于天气寒冷，冰层即便在春夏也不会融化，水无法回流到海洋，于是海平面随之下降。那个时候，海平面比现在低120米。地球上有的海洋干涸了，于是早期人类不得不开始探索世界。他们穿过干涸的海底，从非洲徒步迁徙到地球上的其他地方。这些迁徙往往发生在冰期中较为温暖的时候。

气候变化让早期人类探索了地球，并定居在世界各地。但当时环境恶劣，许多人类的祖先都没能从冰期中幸存下来。只有在非洲一些仍有食物的地区，有些人才活了下来。活下来的这些人都非常聪明，因此我们称他们为**智人**。智人是我们很久很久以前的祖先。

智人

开始耕作
=
人口开始增长

37 气候变化让人类开始耕作

漫长的冰期对人类来说非常艰难。上一次冰期开始于大约 11.7 万年前，结束于 1.2 万年前，之后地球又过了一段时间才重新暖和起来。不过在 1.1 万年前，人类的生存变得轻松了起来，我们将这个时代叫**全新世**。气温上升，地球上的一切都欣欣向荣。这对于狩猎采集者来说再好不过了，他们既可以从树上或地上摘取果实，还有了更多可以狩猎的动物。

填饱了肚子，孩子也就生得多了。地球上的人口迅速增长，人们开始在前所未有的大型群落中生活，并建立了社会。但气候很快又发生了变化。之后的 1000 多年，地球的平均气温又下降了。寒冷也意味着食物短缺，父母不得不经常让孩子饿着肚子睡觉。幸好，当时人类已经变得更聪明了。他们发现，种子会在地里生长。有些人开始用作物的种子进行试验，并了解了作物在哪种土壤中长得更好，以及如何才能更好地照看这些作物。于是，人类渐渐不再依赖自然生长的植物。他们还学会了如何更好地保存自己收获的作物，以便在无法种植的时候还有饭吃。气候变化让人类学会了**耕作**。耕作的水平越高，粮食就越多，人们也就有了做其他事情的机会，比如写作、盖房子、研究数学等。

38 气候变化摧毁了恢宏的文明

不论我们喜不喜欢，气候总是在不断变化。冰期与间冰期交替出现，上一个冰期结束于约 1.2 万年前，此后的气候都相对稳定。我们只在公元 1200 年至公元 1850 年之间经历过一个小冰期。

世界各地的气候变化也各不相同。有的时候，某个特定的地方会变得特别干旱。如果一个人数众多的大群落住在那个地方，这个群落就会由于食物短缺而很难存续。**玛雅人**在南美洲稳定富足地生存了 3000 年，他们的农业十分发达，人口不断增长，大型城市也应运而生。但在公元 900 年左右，一切都变了。干旱席卷而来，导致农作物歉收，食物短缺。玛雅人想要从其他民族手中夺取更多土地，却失败了。他们的文明最终毁于气候变化。

其他恢宏的文明也发生过同样的情况。如果人们过度浪费食物和水资源，自然环境就会出问题。

玛雅人

如今，这种情况在世界各地发生，大约有 20% 到 30% 的动物物种都有灭绝的危险。

如果海平面过快地上升，许多大城市就会被淹没。只要温度上升几摄氏度，就会导致极为严重的干旱，许多地方因此无法产出足够的食物。

三

全球变暖

39 温水煮青蛙

有这样一个故事：如果把一只青蛙扔进开水锅里，它就会马上跳出来；但如果把青蛙放在冷水中，慢慢加热至水沸，它就会安静地待在锅里，不知不觉就被活活煮熟了。气候问题就像温水煮青蛙一样。我们早就知道地球在变暖，却像青蛙一样毫无作为。早在1956年，一家美国主流报纸就曾报道过，**化石燃料**导致了气温升高，并警告人们**温室气体**会威胁到地球上的生命。60多年过去了，全球对各种温室气体的排放几乎没有采取任何措施，而且，我们排放的二氧化碳量还日益增长。

为何会这样呢？气候的变化非常缓慢，也并不会在所有地方都产生相同的后果。有时候，气候变化带来的短期结果甚至可能是积极的。谁能拒绝一个晴朗温暖的夏天呢？可要是气候变化得非常猛烈，结果就不一样了，我们可能会立刻对它进行干预。

气候变化不是一人或几人之过，我们每个人都是帮凶。许多人都觉得气候变化非常遥远。他们认为渺小的个体对气候变化无能为力，而且我们已经有很多严峻的问题亟待解决了：饥饿、贫穷、环境污染……相对而言，有些人就觉得气候问题没那么重要了。

除此之外，人们一般都不喜欢改变生活方式。但如果我们想让后代生活得舒适一些，就需要应对气候问题，从自身做出改变。

40 从来没有这么热过

世界气象组织（WMO）从欧洲中期天气预报中心（ECMWF）、美国国家航空航天局（NASA）和美国国家海洋与大气局（NOAA）等权威机构中搜集各项数据，测量地球的气温。欧洲中期天气预报中心的研究则基于**欧洲太空署**（ESA）的监测数据，后者的卫星非常适合用来从太空中监测地球环境和气候。根据世界气象组织测算，2018年，地球上的平均气温比1981年至2010年间高出0.38℃，而2015年至2018年是自有测量数据以来气温最高的四年。

0.38℃听起来并不多，对吗？确实不多，但如果我们继续保持现在的生活方式，排放等量的温室气体，那么到2100年，地球的平均气温将升高2.6℃至4.8℃。各地的温度上升幅度各不相同，尤其是北极地区会显著升温，导致极地冰雪融化。世界气象组织预测，我们将会有更多的酷暑，也可能会遇到极度寒冷的冬天。

不过，如果我们能在2050年之前成功地减排40%至70%，就可以将上升的温度控制在0.3℃至1.7℃。而到2100年时，我们就应该完全停止排放温室气体。这些目标并不容易实现，因此各国政府和企业应该从现在开始行动。

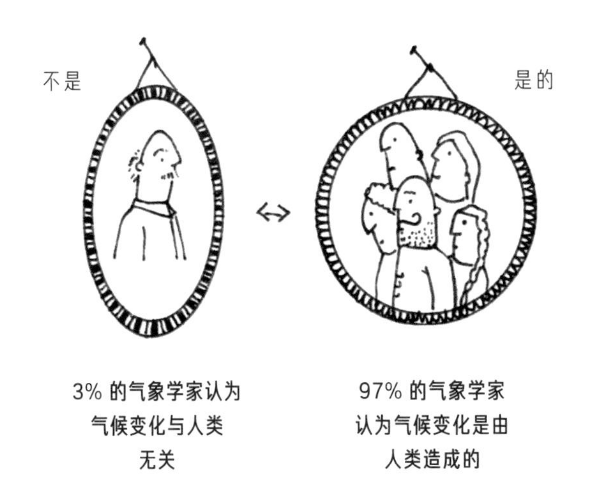

41 有些人不相信是人类导致了气候变化

有些人声称气候变化是无稽之谈，或者认为人类与气候变化毫无关系，他们觉得地球总是会自行变暖或者降温。我们将这些人称为**气候否认者**。他们不相信人类能改变气候。

不过我们可以肯定，地球的平均气温正在上升。几乎所有的气象学家都确信全球变暖很大程度上是由人类活动造成的。**联合国政府间气候变化专门委员会（IPCC）**汇总了气象学家们收集的各项数据。这个委员会是由各个大学、研究中心、环境组织、企业以及其他组织的专家组成的国际机构。委员会本身并不进行研究，而是负责评估收到的各项信息，并以此为基础起草报告。

通过各界的努力，我们已经知道，工业革命以来，石油、天然气和煤炭的燃烧是导致气候变化的重要因素。气象学家们仍在气温究竟会上升多少、全球变暖对海平面的影响以及气候变化给人类带来的后果等方面存在分歧。有的气象学家相当悲观，而其他人则认为人类能找到办法解决这些问题。但无论如何，气候变化都将是人类面临的最大挑战之一。

42 气候学家是一种职业

人们一直着迷于研究天气和气候。最早的时候，研究天气和气候现象的主要是化学家、物理学家、地质学家、天文学家甚至数学家。后来，有些人开始自称为**气候学家**，主要研究气候形成的原因和表现形式。气候学家会研究地球平均气温变化、各地降雨量不同和风暴增加的原因。他们研究过去的气候变化，从中汲取经验，为今所用。有些气候学家对乱砍滥伐和冰盖融化的问题颇为担忧，想研究气候变化带来的后果。于是他们建造了各种模型，并试着提出有科学依据的预测。

气候学家是未来很有前景的工作。政府和许多企业都在招聘气候和环境科学方面的专业人士，也许你也会成为他们中的一员呢!

43 阿伦尼乌斯教授关于气候变暖的发现

早在 19 世纪，科学家就发现温室气体和气温之间是有联系的。1859 年，物理学家**约翰·丁达尔**（John Tyndall）发现二氧化碳、氢气和臭氧等气体能吸收红外线。红外线无法用人眼观测到，它实际上就是热量。

1896 年，瑞典教授斯凡特·阿伦尼乌斯（Svante Arrhenius）计算了大气中的二氧化碳含量翻倍后的地球气温。当时，二氧化碳的排放量增加主要是由于燃煤，而我们至今仍然会用煤炭来供暖或发电。

斯凡特·阿伦尼乌斯教授

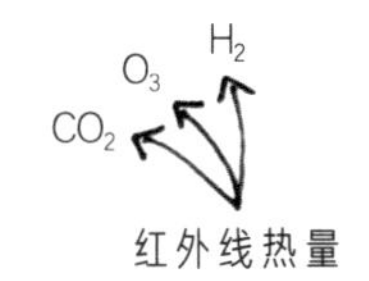

物理学家
约翰·丁达尔

阿伦尼乌斯通过计算指出，如果我们向大气中排放的二氧化碳增加，气温也会显著上升。不过他认为这并非一件坏事。这位教授认为，二氧化碳排放增加能让寒冷地区变得更加温暖、宜居，也更适宜各种作物生长，这对于农民和住在寒冷地区的人们都有很多益处。

不过，这位教授当时并不知道气候变化还会造成许多问题，例如水资源匮乏、局部地区干旱或洪涝灾害。如果他知晓了这些问题，可能就不会那么积极地看待气候变化了。

44 在火山上检测二氧化碳含量

太平洋中央的夏威夷岛上，坐落着一座名为**冒纳罗亚**的火山。它是地球上最大的**活火山**，海拔高达 4000 多米。在火山的 3397 米处有一个观测站，人们在这里检测空气中二氧化碳的含量。这里的空气非常纯净，附近既没有车辆，也没有任何排放二氧化碳的工厂。

自 1958 年起，美国化学家**查尔斯·大卫·基林**（Charles David Keeling）就一直在冒纳罗亚火山

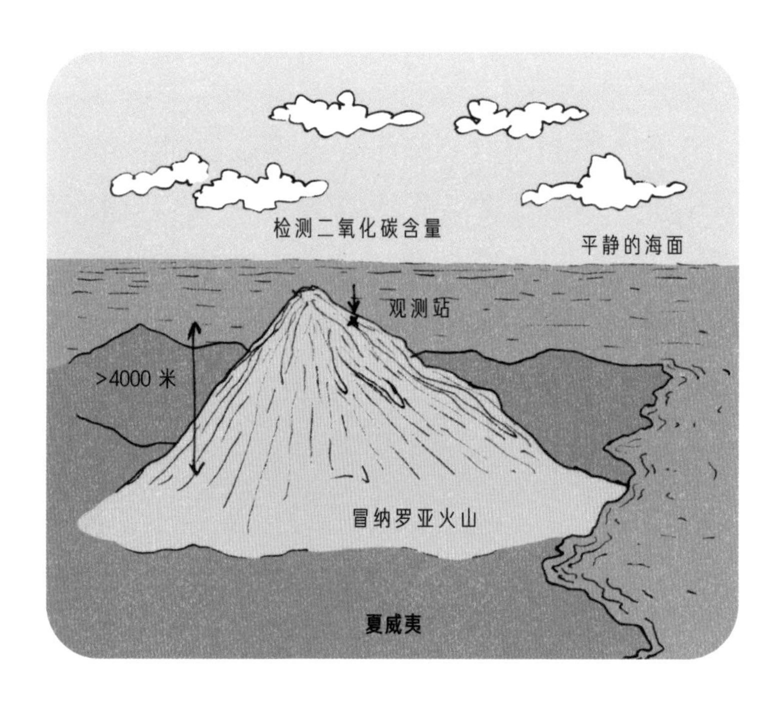

上检测二氧化碳含量。他将这些数值列表连线，制成了我们今日所知的**基林曲线**。坐标系的横轴是时间，以年为单位；而纵轴显示的是二氧化碳含量。我们可以看到，1958 年以来，空气中二氧化碳的含量呈上升趋势，同时也受到季节的影响。冒纳罗亚火山位于北半球的赤道附近，其二氧化碳含量在冬季和夏季有着明显的区别。冬天，由于树上没有叶子，空气中的二氧化碳含量会增加，在春天达到最大值。而到了夏天，因为植物吸收了很多二氧化碳，所以二氧化碳含量会降低。通过基林曲线，我们可以清楚地观察到，每年春天，二氧化碳含量的最大值都在变高，也就是说，空气中的二氧化碳含量一年比一年高。气象学家认为，这种变化非常危险，会导致地球上的平均气温上升。这可不是什么好消息。

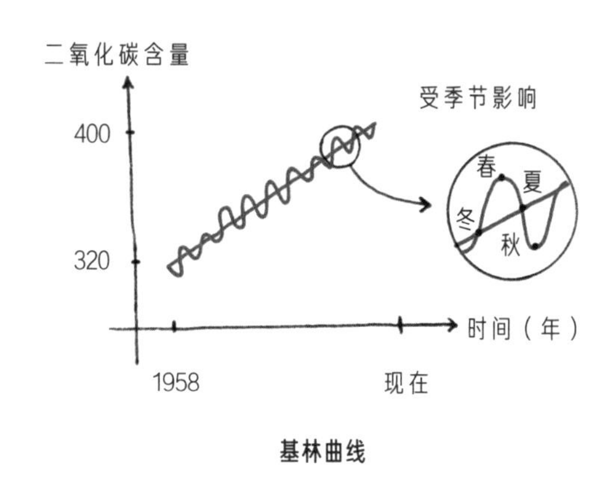

基林曲线

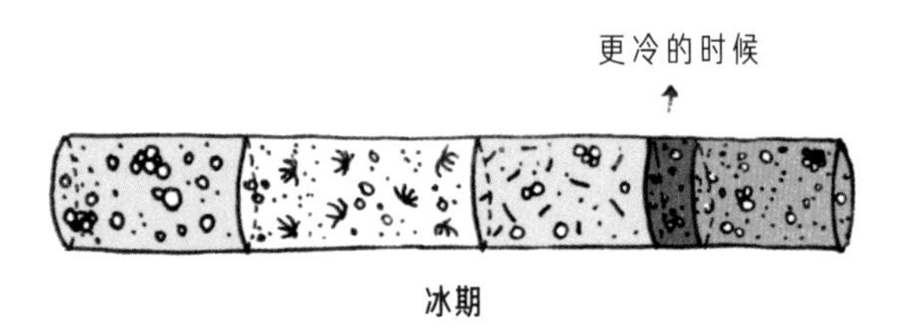

45 二氧化碳的“临界极限”

空气中二氧化碳的含量可以用**百万分率浓度**表示，英文单位是 ppm（parts per million）。1750 年，空气中二氧化碳含量为 280ppm，也就意味着每 100 万个空气分子中就有 280 个二氧化碳分子。这个数据并不算很大，但如果二氧化碳含量继续增加，就会带来严重的后果。

聪明的你可能会注意到，1750 年的时候还没有空气观测站。是这样没错，但如今气象学家们从冰盖和冰川中钻出了**冰芯**进行研究。这些冰芯看起来就像是长长的、盛满东西的管子，里面含有气泡。通过分析这些气泡，气象学家们可以测算出数百万年前的大气成分。举例来说，通过研究冰芯，我们发现在大约 500 万年前，地球上的二氧化碳含量最高。当时的平均气温比现在高了 4℃—5℃，海平面也高了 40 米。而到了冰期，地球上的二氧化碳含量则下降到了 180ppm。过去的 1 万年间，人类文明开始发展，而二氧化碳含量一直稳定在 280ppm 左右。但 18 世纪以来，空气中的二氧化碳含量开始缓慢增加。冒纳罗亚观测站首次进行测量的时候，二氧化碳含量为 320ppm，而到了 2013 年 5 月 9 日，这一数值首次超过了 400ppm。科学家认为，400ppm 就是二氧化碳的“临界极限”。如果这么多的二氧化碳停留在大气中，地球将逐渐回到 500 万年前的状态。2015 年以来，空气中的二氧化碳含量始终在 400ppm 的临界极限以上，并且这一数值仍在以每年 2ppm 的速度不断上升。这就是为什么气象学家会对人们发出警告。

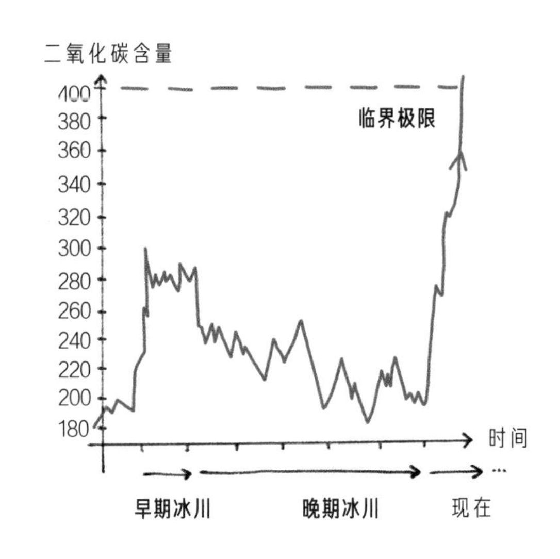

46 每分钟都有 17 个足球场那么大的森林消失

地球陆地表面的 1/3 都覆盖着森林：有的是热带雨林，比如南美洲的亚马孙雨林、非洲刚果盆地的雨林和东南亚的雨林；有的是寒温带针叶林，这种森林大面积生长在俄罗斯、北欧和美国部分地区。我们都知道，树木会吸收二氧化碳，将其转化为能量储存在它们的树干、树根或土壤中。

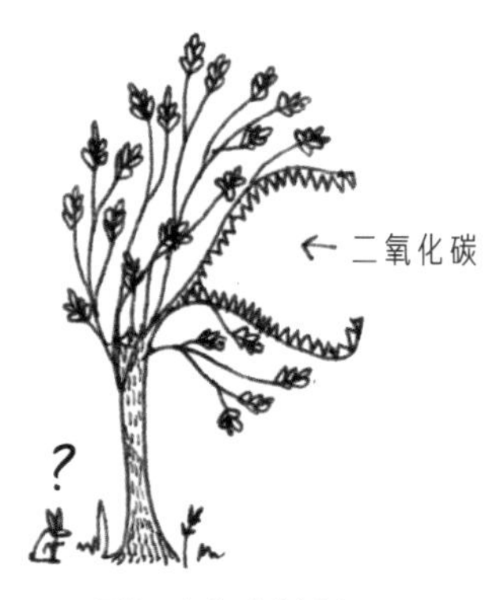

吸收二氧化碳的树木

可不幸的是，这些森林正在以惊人的速度消失。全世界每年都会有 650 万公顷的天然森林惨遭砍伐，相当于每分钟有 17 个足球场那么大的森林在消失！为了能有更多土地用于耕种、交通、居住和矿冶，人们总是在砍伐树木。除此之外，森林火灾也会摧毁大面积的森林。人们经常为了能有更多的农田而放火焚烧森林。森林面积减少，吸收的二氧化碳便随之减少，许多生态系统也都消失了。动物们失去了家园，逐渐走向灭绝，各种各样的植物也都不见了。每消失一片森林，都意味着这片土地上的有些生命可能永远从我们的星球上消失了。

陆地

47 始于工业革命

我们今天面临的诸多问题都始于**工业革命**。1698年左右，人类发明了第一台蒸汽机。从此，人们就能通过燃煤来驱动机器了。不久之后，蒸汽火车驶上轨道，蒸汽船驶过大洋，人们在工厂里工作，钢铁源源不断地生产出来。工业革命之前，人们都是通过燃烧木材或干燥的动物粪便来获得能源，依靠人类或动物的肌肉力量来完成工作，也有的磨坊以水或者风作为动力来磨制谷物。

但化石燃料的发现改变了一切。人们先是发现了**煤炭**，后来又发现了**石油**和**天然气**，这些燃料曾经是动植物的遗骸，在地下埋藏了数百万年。它们埋在很深的地方，在高温高压下，逐渐在地底形成了煤、石油和天然气。这些动植物遗骸曾经吸收的二氧化碳都深埋在地下，如今被人挖了出来，再次燃烧，产生的二氧化碳会比当初吸收的还要多得多。工业革命以来，空气中的**二氧化碳含量**持续上升，其中83%—95%都是燃烧石油、煤炭和天然

蒸汽机

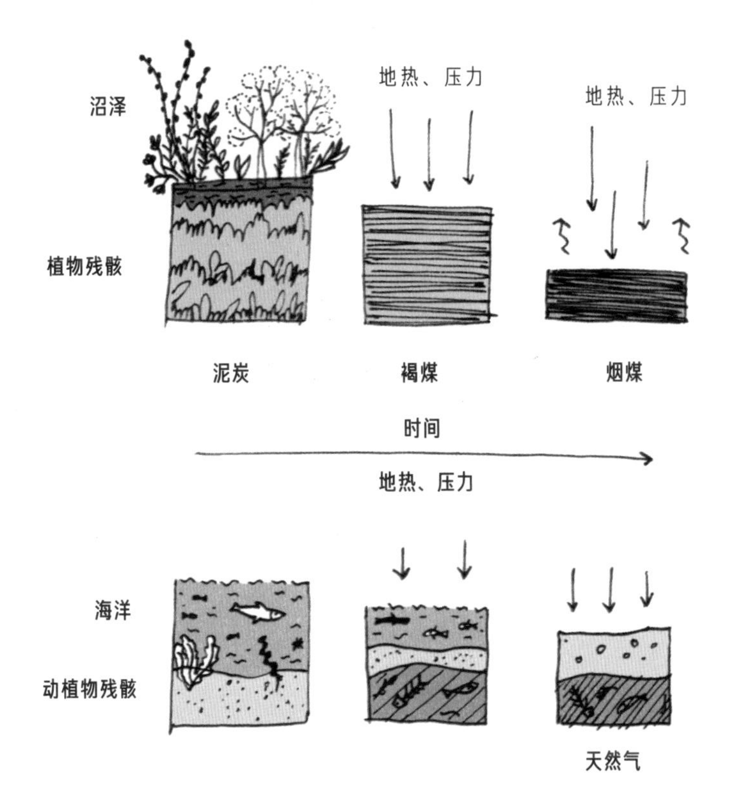

气产生的。诚然，化石燃料让人们的生活变得更加舒适了，我们可以用它来供暖、开车，甚至登月。但我们也知道，世界上没有“干净”的**化石燃料**。煤炭带来的污染最严重，但石油和天然气也不“干净”。这也是为什么我们在迫切地寻找替代能源。

插着迷你桅杆的探险船

48 我们曾觉得木材取之不尽，用之不竭

15 世纪和 16 世纪，人们对大洋彼岸产生好奇，想要探索世界。为了去大洋彼岸，他们要找到高大结实的树木来制造船只。一开始，一切都很顺利，但他们很快就发现，高大的树木越来越少。很快，意大利、葡萄牙和西班牙的人就找不到足够高大的树来造船了。于是，他们开始在新征服的殖民地上建造船只。

木材并非取之不尽，我们已经消耗了很多木材。中国森林覆盖率达 24%，但完整森林的面积不足森林总面积的 5%；美国的原始森林也只剩下 7%；地球上的**热带雨林**则已经消失了一半以上。这些森林需要相当长的时间才能重新长回来。如果我们现在停止砍伐森林，就可以减少 20% 的二氧化碳排放。未来 50 年，我们还应当在全球各地种植新的树苗，这对减缓全球变暖大有益处。

49 走路和骑车都不会产生二氧化碳

你经常走路或骑车吗？恭喜你，你除了呼吸之外就不会产生任何二氧化碳！那些装着发动机的交通工具通常会产生大量二氧化碳，不过它们之间也有高低之分。

乘坐**火车**出行的人，每千米会产生28克二氧化碳，这还不算太糟。如果坐了**公交车**，每千米要排放68克二氧化碳，骑**摩托车**每千米要排放72克。一辆小型**私家车**平均每千米排放104克二氧化碳，大型私家车则会排放158克。当然，这主要取决于你使用哪种燃料。汽油、柴油和天然气汽车都会排放温室气体，消耗的能源越多，排放的也就越多。**电动汽车**如果使用风能或太阳能之类的可再生能源，就不会排放二氧化碳。不过在制造电动汽车的过程中也会产生大量的二氧化碳。如果你选择坐**飞机**的话，那可就真是二氧化碳排放大户了，飞机上的每个乘客平均每千米都会产生285克二氧化碳。

网上有许多计算交通工具碳排放的网站。如果你想要长途旅行的话，了解这些知识可能会非常有用！

你知道吗？

大部分时候，我们坐私家车的车程都不到5千米。也许你可以查查自己的学校离家远不远，是不是可以走路、骑车或是乘坐公共交通工具去上学。

出行方式	每千米碳排放量
步行	0g CO_2
自行车	0g CO_2
滑板	0g CO_2
溜冰鞋	0g CO_2
火车	28g CO_2
公交车	68g CO_2
摩托车	72g CO_2
小型私家车	104g CO_2
大型私家车	158g CO_2
飞机	285g CO_2

50 乘坐飞机会造成很严重的污染

乘坐飞机是非常有趣的经历，但飞机也会对气候产生糟糕的影响。尤其是在起飞时，飞机会排放大量的有害物质，其中就包括**二氧化碳**和**氮氧化物**，而后者就是生成臭氧的罪魁祸首之一。仅在2019年，飞机就消耗了约3480亿千克石蜡（石油制成的飞机燃料）。

与此同时，飞机航班的数量还在继续增加。1950年，只有3100万人乘坐飞机出行，而到了1986年，这个数字就已经达到了9.6亿！2012年，飞机承载了30亿人，其中一半都是游客。大约45%的航班行程都不到500千米，货运航班的数量在过去10年也增加了70%以上。

航空公司预计，乘客的数量将继续增长。在2017年，每年乘坐飞机的人已经超过了40亿，而且还有更多的货物通过飞机来运输。如果这样下去，在其他领域减少碳排放的所有努力都是白费。

在空中的各种飞行方式

只要我们还没长出翅膀，就应该想办法减少乘坐飞机的次数，或者减少飞机对环境造成的污染。

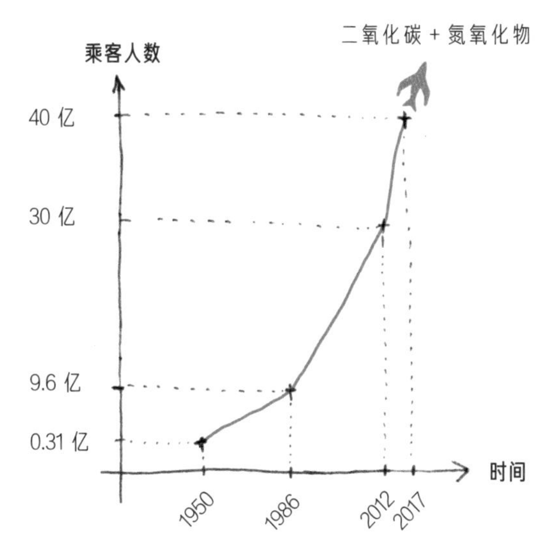

51 亲爱的牛啊，你打嗝太多了……

牛是美丽的生物，但它们也会污染环境。牛和其他反刍动物都经常打嗝和放屁，它们排出的气体中含有大量的甲烷（CH_4）。每头牛一天就能排放100升到300升的甲烷。甲烷是一种危险的温室气体，其威力是二氧化碳的34倍，不过它在空气中停留的时间较短。在开采石油和天然气、发生森林火灾，以及反刍动物打嗝和放屁时，都会产生甲烷。

在第20件新鲜事中，我们已经得知，全世界总共有15亿头奶牛。这些牛产生的气体占了温室气体排放总量的10%—15%。因牛而产生的温室气体中，有40%来自牛**打嗝**和**放屁**，其余的60%是在给牧草施肥、运输牛群和粪便处理过程中产生的，主要是二氧化碳和小部分一氧化二氮。

当然，我们不能阻止牛打嗝和放屁，这会让它们生病。我们只能想办法让它们尽量少打嗝、少放屁。农民们正在尝试使用不同的饲料（如海藻），来减少反刍动物产生的气体。也许我们只需要减少牛的数量就可以了，不过那样的话，我们就得少吃肉类和乳制品（奶酪、黄油、牛奶等）。如果每周能少吃一次肉，我们就能在保护环境的路上前进一大步。

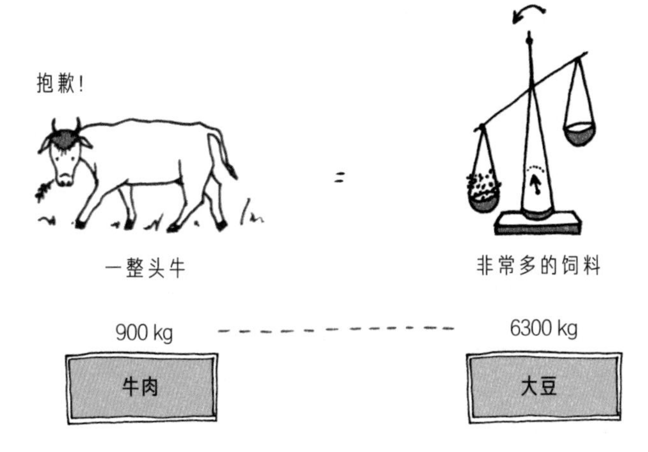

52 亲爱的牛啊，你吃得太多了……

牛要大量的食物来维持生命，它们吃草和其他饲料。牛饲料一般都是**大豆**，每生产 1 千克牛肉就需要消耗大约 7 千克的大豆。稍稍计算，我们就能发现，一头 900 千克的牛食用的大豆量有多么惊人！地球上 2/3（67%）的可耕地都用于放牧或为它们种植饲料了。

地球上所有的豆田加起来总共有约 1 亿公顷，是德国、法国、比利时和荷兰的国土面积总和，这可是相当大的一片土地。用于养牛的大豆主要种植在南美洲。为了有足够的土地种植大豆，许多宝贵的森林惨遭砍伐，草原也变成了**大豆种植园**。巴西的塞拉多保护区原本是一片美丽的大草原，栖息着美洲虎、巨型食蚁兽和狼等野生动物。但为了种植大豆，这个自然保护区正在变得越来越小。在亚马孙地区，每年都有 60 万公顷的森林遭到砍伐和焚烧，只为能有更多的土地种植大豆。

森林面积减少，也意味着动物的生存空间缩减，树木吸收的二氧化碳变少。而大气中温室气体的增加，会让全球变暖更加严重。

53 亲爱的牛啊，你拉得太多了……

每隔一段时间，牛就要排泄粪便，农民们会用这些粪便来为土地施肥。但是牛的数量太多了，因此产生的**粪便**也非常多。牛粪中含有许多不太健康的物质，比如**磷酸盐**、**硝酸盐**和**氨气**，它们最终会进入地下水，导致水质酸化。除此之外，排入水中的粪便还会导致藻类大量繁殖，氧气减少，妨碍鱼类生存。

过量的肥料也会导致某些植物生长速度过快，比如荨麻或荆棘，抢占其他植物的生存空间。

幸好，有些地方正渐渐发生改变。人们建造了新型牛棚，将牛粪直接注入土壤，而不是让牛粪落在土地表面，这样就减少了有害物质的释放。当然，最好的办法还是减少粪便本身，也就是减少牛的数量。如果我们都能少吃一些牛肉，就能解决牛粪过剩的问题。

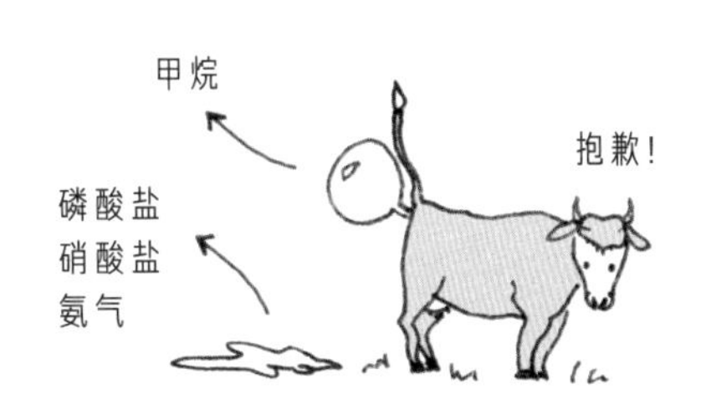

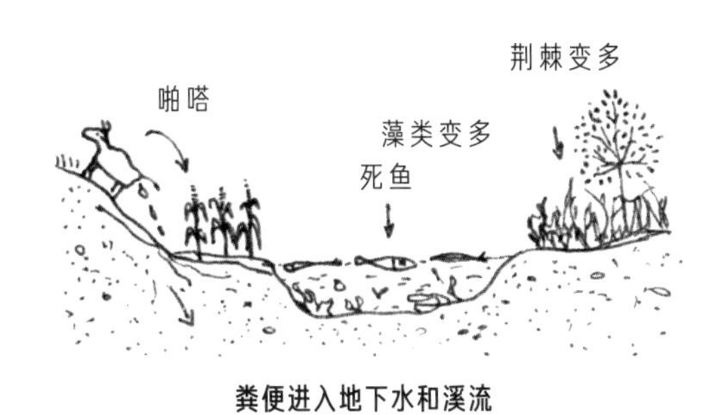

粪便进入地下水和溪流

你知道吗？

不久的将来，我们吃肉的时候可能就用不着杀死动物了。人们已经开始在实验室里用牛、鸡和其他畜禽的干细胞来“种植”肉类。一个干细胞就能生产出高达1万千克的肉！这样可以大大减少牛、猪、鸡和羊的数量。干细胞汉堡的生产成本仍然很高，一个就需要25万欧元，但如果人工肉类能大规模投入应用，生产成本就可能迅速降低。

54 热带雨林惨遭砍伐……用于制作巧克力

印度尼西亚由 1.75 万个大小岛屿组成，岛上生长着大片**热带雨林**，里面居住着成千上万种动物。不幸的是，已经有 80% 的原始雨林被人类砍伐或烧毁，以换来更多的农业用地。消失的雨林面积高达 26 万平方千米，比英国的国土面积还大。

如今，这片土地上生长的不再是雨林，而是千千万万棵整齐排列的油棕榈。人们可以从棕榈树的果实中提取**棕榈油**，继而制作各种食品（包括巧克力、巧克力酱、汤、比萨和饼干）、清洁产品、化妆品和生物燃料。使用这些产品的人大多来自富裕国家。

油棕榈不也是树吗？没错，但它们和热带雨林并不一样，吸收的二氧化碳比雨林少得多，也无法为雨林中的动物提供生存的食物和空间。大象、猩猩、老虎和犀牛无处可去，正在逐渐消亡。举例来说，一只雌性红毛猩猩 10 岁成年，而雄性 15 岁才成年。母猩猩会告诉小猩猩哪棵树上的果子最好吃，小猩猩需要花上一段时间来记住这些树在哪里。可如果这些树消失了，小猩猩就不知道该去哪里找果子吃了。由于栖息地的消失和猖狂的捕猎，**红毛猩猩**已经成为当下最为濒危的物种之一，生活在苏门答腊雨林里的打巴奴里猩猩如今只剩下

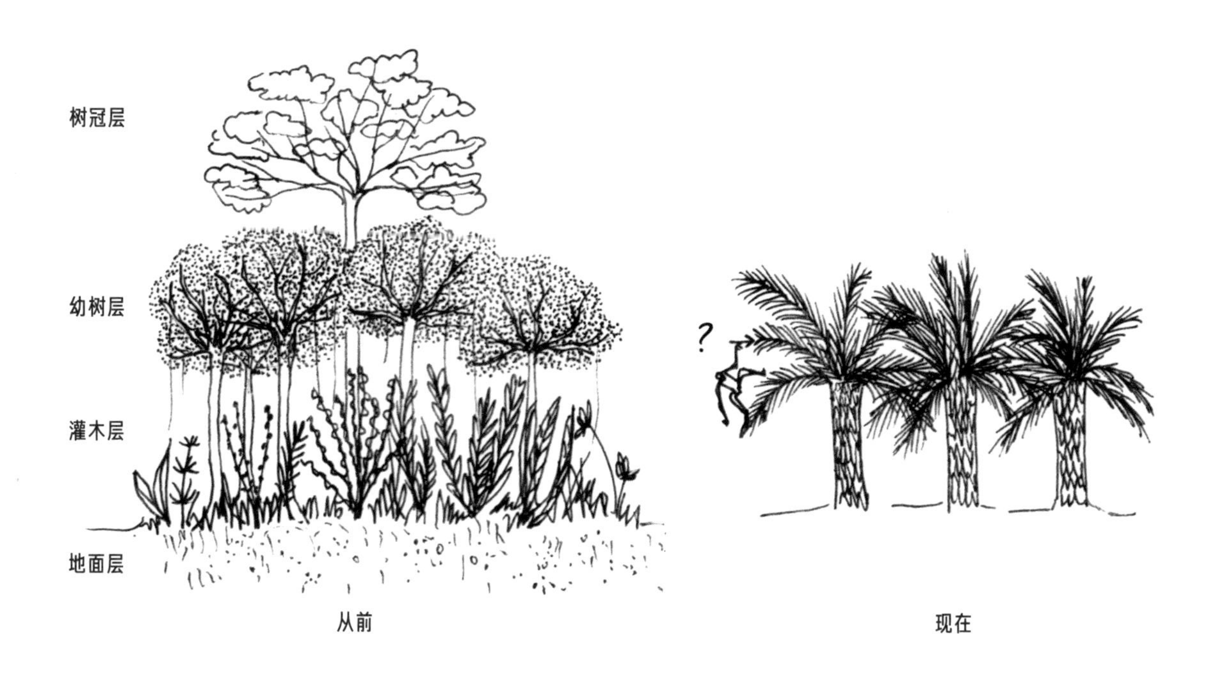

热带雨林的变化

800只。

或许，我们可以为此做些努力。买东西的时候，先看一眼配料表，确认一下里面有没有棕榈油，然后找一找有没有不添加棕榈油的替代品。

55 年轮记载了气候的变化

你应该见过树桩上的年轮，只要数一数圈数，就能猜出这棵树有多大，不管这棵树是年轻的树，还是百年老树。

从**年轮**中，我们可以看出树木以前经历过怎样的夏天。在炎热潮湿的夏天，树木的生长速度比在干燥的夏天更快，年轮环纹之间的距离更大。于是，科学家**迈克尔·曼**（Michael Mann）产生了灵感。他研究了几千棵树木的年轮，并测量其环纹之间的距离。通过这些数据，他绘制出了一幅图表，展现了地球上相当一段时间的平均气温。公元1000年至1800年间，平均气温的变化并不大，图表上的数据几乎可以连成一条直线。但到了19世纪，气温发生了不同寻常的变化。在1800年至1900年间，图表上的数据突然急速上升，因为地球上的气温从那时起就升高得很快。

在接下来的几年里，其他研究人员重新测算了这些数据。事实证明，迈克尔·曼是正确的，全球变暖的速度比以往任何时候都要快，尤其是20世纪。我们能知道这些，真是多亏了那些树……

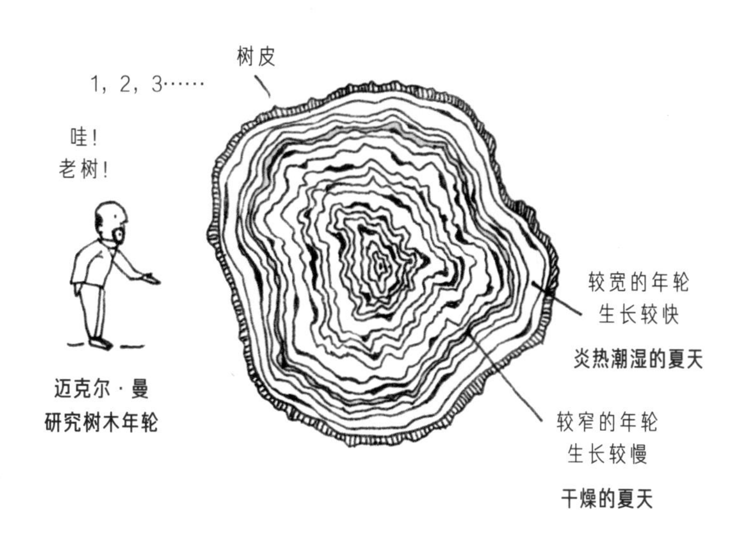

四

越来越干燥的地球

56 小心！别呼吸！

想象一下，假如某一天，你打开收音机，听见播音员说现在连呼吸都太危险了，你该怎么办呢？人类和动物需要呼吸空气才能生存，并且最好是干净而没有污染的空气。可很不幸，并不是所有的空气都那么干净。也许你住在繁忙的道路边上，来往的汽车、货车和摩托车释放着大量的**颗粒物**、**烟尘**和**氮氧化物**；也许你家附近有一座工厂，排放着不健康的化学物质，或者家门口有许多需要生火的地方。

颗粒物是由飘浮在空气中的微小颗粒组成的，无法用肉眼看到。约 90% 的粉尘都是自然产生的，主要是海面上的盐粒和沙粒，其余的颗粒物则来自人类的生产活动。除了颗粒物之外，我们还会吸入烟尘、臭氧和氮氧化物。这些物质都对我们的身体有害，让我们更容易罹患呼吸系统疾病，比如哮喘或支气管炎。

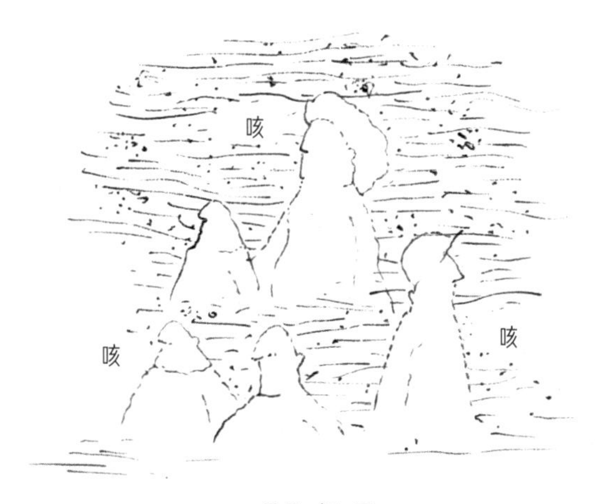

雾霾=烟+雾

空气污染非常严重的时候，还会出现**雾霾**。“雾霾”这个词源自英语单词 smog，代表着烟（smoke）和雾（fog）。这个单词出现于 19 世纪，当时人们燃烧了大量煤炭，导致普通的大雾天气和燃煤产生的烟混在一起，变成了雾霾。如今，“雾霾”代表着“肉眼可见的空气污染”现象。阳光会将车辆和工厂排放的有害物质转化为臭氧。如果是在大气层高处，这种气体会保护我们不受紫外线的侵害，但如果过于接近地表，就会对我们有害。接近地表的臭氧就像是一片黄褐色的云，让人难以呼吸。如果天气预报发布了**雾霾预警**，最好就不要在户外跑步或进行其他运动了。

你知道吗？

9 月 22 日是世界无车日。这一天，世界上的许多城市都禁止驾车出行。有的城市甚至每年都会组织好几个无车日。通过这种方式，人们就可以意识到没有汽车的城市是那样令人愉快。人们可以在马路中央安全地行走、骑车或玩滑板，空气污染也减轻了许多。

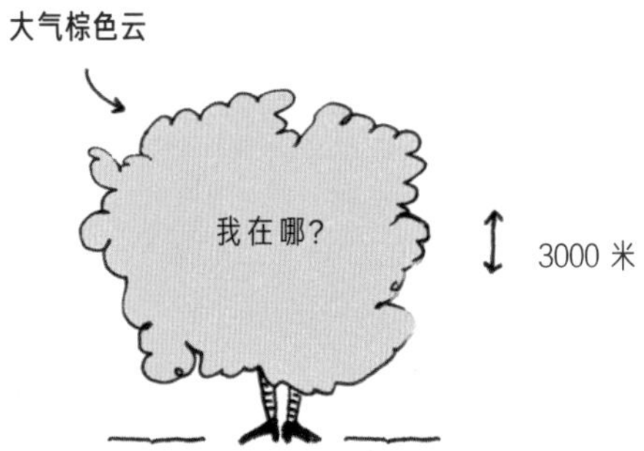

57 阴暗的白天

在一些国家的城市，有时候光线会比正常的时候暗 1/4。这是由**大气棕色云**导致的。大气棕色云是一种巨大的云团，会在每年 11 月到次年 5 月覆盖在这些地区。20 世纪 90 年代，人们首次在卫星图像上发现了这种云。近年来，大气棕色云在空中停留的时间越来越长，厚度高达 3000 米，这是由燃烧木材的烟尘颗粒、汽车尾气和工厂废气导致的。吸入这种棕色的空气对身体非常不利，科学家估计，每年都有约 200 万人死于这种空气。

大气棕色云对气候也有影响。它覆盖了世界上最高的山脉——喜马拉雅山，那里有大量冰雪，被人们称作“亚洲水塔”。喜马拉雅山脉上的冰川和雪原保证了河流内充足的淡水和数十亿人生存所需的水源。然而，大气棕色云会让冰雪融化得特别快，从而形成湖泊，湖泊一旦决堤，会将周边的村落全部淹没。随着时间的推移，冰川变得越来越小，能融化的冰雪也越来越少，新鲜的饮用水资源也因此变少了。

我们有必要尽快消灭这片棕色云，这样才能让人们再次呼吸到清新的空气，拥有足够的淡水，并且不被洪水淹死。

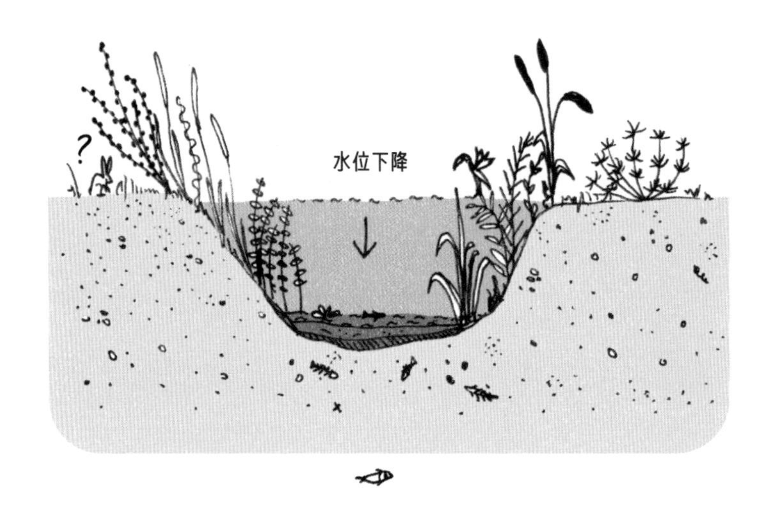

58 日渐干涸的淡水

湿地贮存着大量淡水，在水循环中起着非常重要的作用。它们通常位于陆地和海洋之间，是各种动植物的家园，对保持生物多样性非常重要。降水量很大时，湿地能吸收多余的水分，通过这种方式将淡水储存起来。世界各地都有湿地分布，比如南美洲的潘塔纳尔湿地和加拿大的哈得孙湾，大洋洲的一些岛屿也都大面积覆盖着湿地。此外，在欧洲北部的低地地区也分布着大量湿地。

不幸的是，我们不太珍惜湿地储存的这些水资源。人们常常过度使用湿地里的水，造成了一系列问题。比如在西班牙，许多湿地就因为种植橙子、柑橘、杏仁和葡萄而渐渐消失了。如果我们希望湿地不再缩小、湿地里的动物能生存下去的话，就必须更加注重湿地保护。

59 服务员，我的汤里漂着垃圾塑料！

看看你的四周，我敢打包票，你身旁肯定有**塑料**制品：可能是你的饼干包装袋、用来喝柠檬水的杯子，或者是你正在坐着的椅子。

“塑料”其实是合成塑料的别称。1907 年，比利时人**列奥·贝克兰**（Leo Baekeland）发明了世界上第一种合成塑料——酚醛树脂。塑料很快风靡世界，每年产量约为 3110 亿千克，并且还在不断增加。塑料是一种神奇的材料，能用来做各种各样的东西。不过，它也有很大的缺点：它们不会自然分解。大块的塑料在一段时间之后能被分解成小块，但也就到此为止了。每年都有约 500 万吨的塑料垃圾进入海洋，相当于每分钟就有一辆满载的卡车往海洋里倾倒塑料！这些垃圾主要来自我们生活中的塑料制品，包括塑料瓶、糖果包装纸、塑料袋……它们被风吹入河流，最终进入大海。

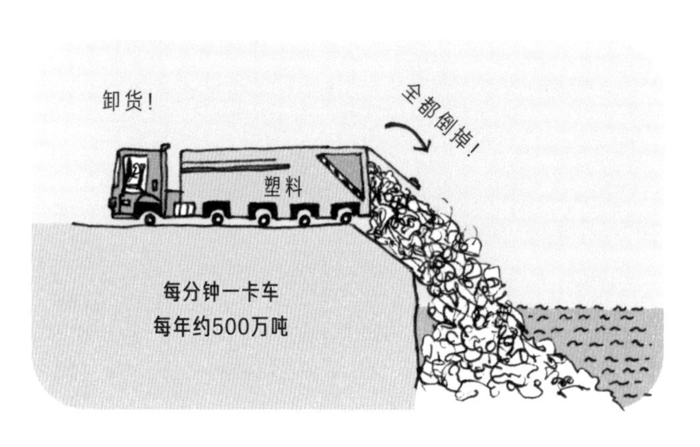

1997 年，查尔斯·摩尔（Charles Moore）船长

惊奇地发现太平洋中央漂浮着大量塑料，他把这片海域叫“**塑料汤**”。海洋中有五大环流，它们是由洋流形成的漩涡，会将海上的所有垃圾都吸过去，所以这五片海域里的塑料垃圾会比其他地方多。

除此之外，还有一些海域的塑料垃圾远远多于其他地方，这些海域叫“塑料热点”。地中海就是一片“塑料热点”。河流汇入地中海，带来了大量塑料，但塑料被狭窄的直布罗陀海峡挡住，漂不出去。许多大型沿海城市的海湾、大型工厂周围的水域，以及河流的入海口附近也是“塑料热点”。

如今，越来越多人开始行动起来。年轻的荷兰发明家**博扬·斯拉特**（Boyan Slat）在希腊潜水度假时被水中的塑料污染吓坏了。于是，他发明了一个装置来清理海上的塑料垃圾。这一装置于 2018 年投入运行，至今仍在使用中。

60 每秒 16 万只塑料袋！

你购物的时候会带着环保袋吗？还是每次都要求收银员提供**塑料袋**？每次都要塑料袋可不是什么好主意。每过一秒钟，世界上就会有 16 万只塑料袋被派发出去。读完上面那句话的工夫，就又有 50 万只塑料袋被发了出去。也就是说，人们每分钟会使用将近 1000 万只塑料袋，一小时近 6 亿只，一天近 140 亿只！这些塑料袋只有 1%—3% 能得到回收，其他的最后都会进入海洋，和其余塑料垃圾一起形成“塑料汤”。

它们在海里看起来很相似

大海里生活着许多海龟，它们分不清水母和塑料袋之间的区别，漂在海面上的塑料垃圾在它们看来就像是美味的小吃一样。它们吃塑料袋意味着会遇上大麻烦，塑料不能消化，将堵住它们的胃和肠子，让它们无法排便。海龟原本的寿命很长（可以活到 80 岁），却因为肚子里的塑料早早结束了生命。鲸身上也会发生类似的事情，有些鲸的肚子里装了好几千克的塑料，无法继续进食，最后只能被活活饿死。信天翁也分不清美味的鱼和五颜六色的塑料，它们会吃掉塑料，或者将塑料喂给自己的孩子。接下来会发生什么，想必你也猜到了。

当下，有将近 400 个物种因摄入塑料或被塑料缠住而濒临灭绝，其中有的是被塑料释放出来的有毒物质毒死的。

大多数进入海洋的塑料都只被人们用过一次：塑料汽水瓶、饼干包装袋、方便面盒……我们可以尽可能减少购买塑料包装的东西，从而减少“塑料汤”的出现。你也可以鼓励自己的父母去“零包装”的超市购物，那里所有的东西都是散装出售的，你只需要自己携带盒子或袋子就可以了。你周围有塑料包装袋吗？记得回收所有的塑料、金属和纸箱，千万不要随地扔垃圾。

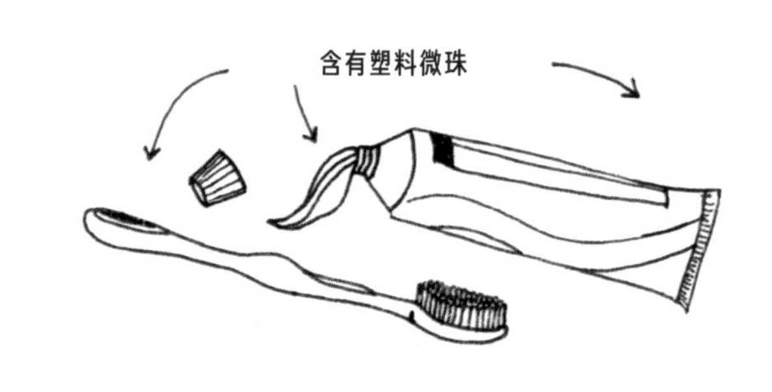

61 牙膏和洗发露中也含有塑料

也许有些难以置信，但事实上，牙膏、洗发露、化妆品、防晒霜以及其他各种个人护理和家用产品中，都可能含有**塑料微珠**。塑料微珠是指非常小的塑料球或塑料片。牙膏里的塑料微珠可以让你把牙刷得更干净，而磨砂膏里的塑料微珠则能更好地清除死皮。

这些塑料微珠最后通常会进入水槽，被水冲走，落进下水道。现有的过滤装置并不能将这些塑料微珠从水中分离出来，因此它们最终会进入河流和海洋，加速“塑料汤”的形成。这些小颗粒也会进入海洋动物的体内，导致它们生病。

有些国家，比如美国、加拿大、澳大利亚和英国，已经禁止在产品中添加塑料微珠了。想知道你使用的产品中有没有塑料微珠吗？那就看看成分表吧，看看里面有没有聚丙烯（PP）、聚四氟乙烯或聚乙烯（PE）。

零塑料标志

你知道吗？

哈里王子和他的妻子没有要结婚礼物，他们让客人把一部分钱捐给了清理塑料的组织。在我看来，这才是王室的风范！

沙滩上的塑料比你想象中的还要多

62 泳裤和毛衣也含有塑料

不妨去看看泳裤、运动服或羊毛衫上的标签，如果上面写了**锦纶**、**丙烯酸**、**聚酯**或其他合成材料，那就意味着这件衣服里含有**塑料**。很多时候，这些衣服甚至都是用回收的塑料瓶制成的。也许你觉得回收利用是好事，的确是这样……但这种衣服也存在问题。清洗衣服的时候，衣服里那些微小的纤维会松动，并随着水流一起进入下水道，最终被排进大海。海洋里的微塑料中，有1/3都来自衣服里的微小纤维。这些纤维甚至能通过空气进行传播，它们简直无处不在，就连人迹罕至的地方也会有它们的身影。它们在我们的食物里，在鱼、贻贝和其他海洋生物体内，甚至在蜂蜜里。所以说，这些纤维最后其实是被我们自己吃掉了。你的衣服越旧，洗掉的微纤维就越多。

当然，人们也一直在寻找解决办法，比如开发特殊的洗衣袋，在洗涤过程中防止微纤维流失。洗衣机设计师正在尝试使用更好的过滤器，从而让纤维无法与水流一起通过。你也可以从身边的小事做起，少穿化纤的衣服，尽可能选择天然纤维，比如棉、亚麻、羊毛或丝绸；尽量少洗化纤衣物，这样就能减少衣物磨损和纤维的损失，延长衣物寿命，也能节约水源、能源和洗涤剂。

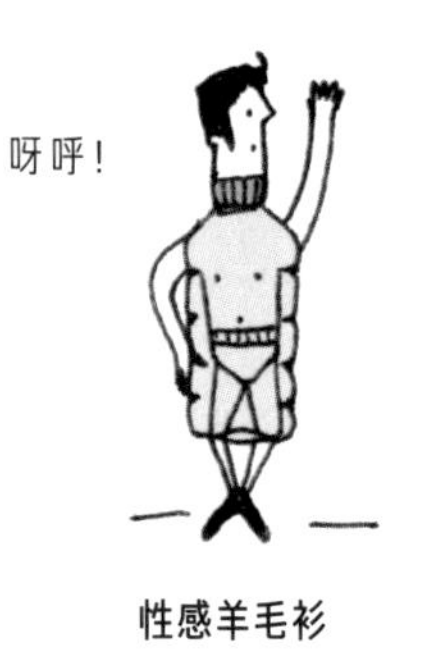

性感羊毛衫

63 生物降解塑料……可不是在鱼肚子里降解的

生物降解塑料

有的塑料包装上印有树叶的标志，这意味着它是**生物降解塑料**，在自然界中过一段时间就能完全消失。但别高兴太早，如果把这种塑料埋在你的后院里，它得花上整整两年才会消失。实际上，生物降解的意思是，如果将这种塑料放置在一个加热到65℃的特殊装置中，它能在7周内完全消失。但如果它被鱼或者海龟吞进肚子，还是需要花很长时间才能分解，而吃了塑料的动物根本就活不了那么久。

你有没有在包装袋上见过**生物塑料**的标识？生物塑料是由天然物质（如甘蔗或淀粉）制成的塑料。并不是所有的生物塑料都容易降解，有时候，生物塑料会像普通塑料一样在海里漂浮很久。

扔掉的塑料最后总是会危害到我们自己，所以千万不要在大街上随手乱扔塑料，要是能少用塑料就更好了。

新鲜的鱼和沙拉薯条

64 海洋深处的塑料

你听说过**马里亚纳海沟**吗？那里是地球上最深的地方。它位于太平洋，最深的地方有 1 万多米。海沟里极为寒冷，一片漆黑，并不是什么宜人的地方。但即便在那里，也生活着许多不同寻常的海洋生物，比如长得有点像小虾的生物，还有几近透明的怪鱼。没错，在这里也有漂来漂去的塑料。人们曾经在马里亚纳海沟的底部发现过一个塑料袋。海里的塑料主要在 6 千米深处漂浮，每平方千米都有约 355 块塑料，其中大部分都是一次性塑料，比如塑料包装、塑料袋和塑料瓶。

科学家非常关注这个问题。在海沟底部的地层中，存在着一些裂缝，海水中的矿物质就来自这些裂缝。矿物质是细菌的养分，而细菌又是珊瑚虫、蠕虫、鱼和海葵的食物。马里亚纳海沟的所有甲壳类动物体内都有微塑料。这些微塑料大多来自衣物纤维，有些也来自塑料微珠。这可糟透了！海洋深处的生物受到了影响，也就意味着深海的生态系统已经遭到了污染。

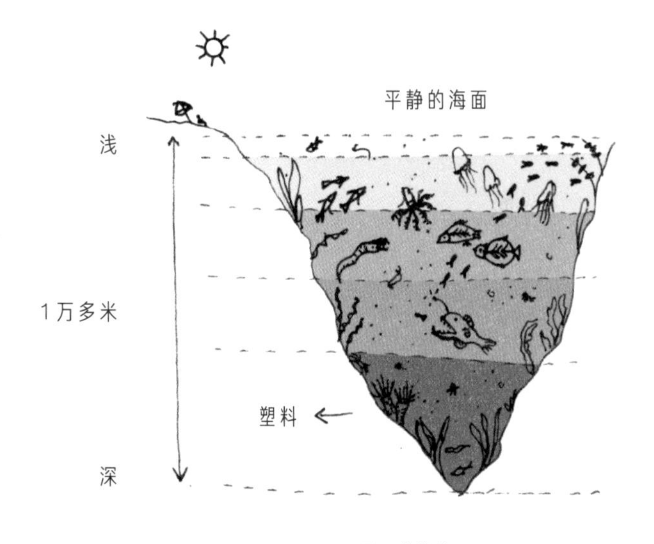

马里亚纳海沟

你知道吗？

科学家还在斯瓦尔巴群岛和加拿大周围的冰层中发现了微塑料。这些微塑料一定是从空气中传播过来的。研究人员认为，这意味着人类可能一直在吸入塑料……这可真是太可怕了！

65 吸烟有害健康！

你那么聪明，肯定应该知道：吸烟对健康的危害很大，最好永远都别碰香烟。但你知道吗？**烟蒂**对环境也会造成很大的危害。每年，全世界都会丢弃约 45 亿个烟蒂。陆地和海里的垃圾中，有相当一部分都是烟蒂，它们会污染土壤和海洋。

烟蒂的滤嘴在自然界中分解得相当慢。一个滤嘴需要至少两年才能完全分解。就算完全分解了，滤嘴中也还有一些微小的纤维不会消失，它们最终会进入海洋或土壤中。掉进水里的烟蒂通常会被鱼吃掉，鱼类就会因为烟蒂里的尼古丁和滤嘴中含有的塑料而生病。

当然，你肯定不会抽烟，但也许你喜欢嚼**口香**

糖。千万不要随地乱吐口香糖！口香糖至少需要20年才能完全分解。地上的口香糖不仅很脏，对小动物们来说也十分危险，在草地上跳来跳去的小鸟可能会不小心被口香糖粘住。

一旦被口香糖粘住，小鸟就没法再翱翔天际，只能缓缓走向死亡。如果你能将口香糖和其他垃圾都扔进垃圾桶，就能让这些东西得到专业的处理，从而避免悲剧发生。

吸烟有害健康

66 塑料敌人来了！呼叫军队！

闭上双眼，想象你面前有一条小河，河水静悄悄地流淌着……然后再想象一下，这条河里漂满了塑料瓶、塑料袋、糖纸、空薯片袋和其他垃圾，完全看不到水面了。小河变成了塑料河，这景象可就不太美妙了！现实中的确存在着这样的河流。在印度尼西亚的**万隆**，河里漂着层层叠叠的垃圾，连河水都没法流淌了。垃圾堵塞了河流！从前，在万隆，人们都会用蕉叶来包裹食物，现在却改用塑料了。除此之外，移居到这座城市的人越来越多，他们将垃圾扔进河里，造成严重的污染。当地政府只好召集军队来清理河水中的垃圾，让河水继续流动。但这项任务实在太艰巨，就算士兵们捞出大量塑料，每天也还会有同样多的塑料被人扔进河里。塑料已经成为当下**印尼军队**的头号敌人。印尼政府劝说人们不要往河里扔塑料，甚至还会给回收塑料的人一些奖金，但仍旧需要花很长时间才能将所有塑料都清理干净，让河水再次通畅地流动起来。

好在各国政府都渐渐意识到了这个问题，并做出许多努力。2019年6月起，印度尼西亚的**巴厘岛**开始禁止使用一次性塑料制品，那些使用一次性塑料的人会被处以高额罚款。据估计，这一举措最终可以减少70%的塑料垃圾。

塑料敌人

67 大多塑料都来自 10 条河流

我们都希望海洋中的塑料能变得越来越少。科学家正在想办法**清理海洋中的塑料**，不过如果我们都能少用塑料，或者直接阻止塑料进入海洋，就更好了。

有研究中心发布报告，认为海洋中大部分的塑料来自 10 条河流。这些河流分布在亚非地区，流域面积很大，两岸有许多人口上百万的城市。这些城市所在地区大多欠发达，往往无法妥善地收集和处理垃圾，也缺少回收塑料的政策。

如果我们能阻止塑料进入这些河流，就能解决一个大问题。可惜我们还做不到这一点。

你知道吗?

每年，欧洲都会举办河流游泳日活动。来自不同城市的几千个人跳入河水之中，希望能通过这种方式来让人们意识到河流污染问题，敦促政府清理河道，保持河水清澈。

保健秘诀

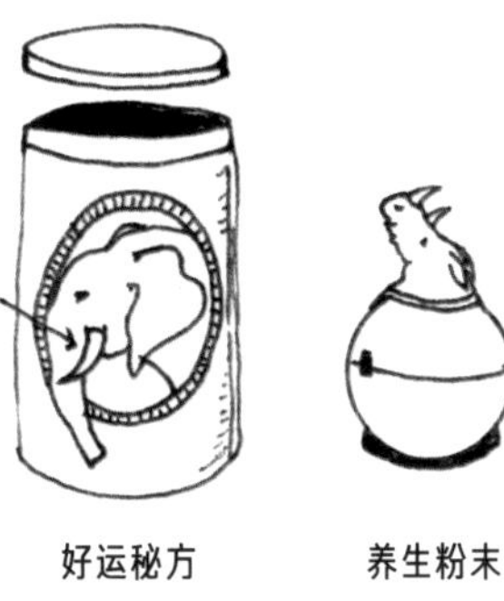

好运秘方

养生粉末

68 偷猎者伤害的几乎都是濒危物种

偷猎者会未经许可就猎杀动物，他们并不在乎这些动物有多么濒危，甚至还会去寻找**濒危动物**，因为越是濒危的动物就越能让他们赚钱。每年，与濒危动物有关的交易都会让偷猎者们净赚 80 亿—170 亿欧元，这可是个天价数字！继栖息地消失之后，偷猎已经成了动物灭绝的第二大原因。

大象是最容易遭到偷猎者袭击的动物。每年都有 3 万头大象因象牙而死于偷猎。偷猎者并不在乎象牙交易是不是违法的，他们只看重象牙能制作出各种各样精美的艺术品。如果我们再不阻止偷猎者，那么不出 30 年，世界上所有的野生大象就都要灭绝了。

犀牛因为珍贵的犀牛角，也会成为偷猎的目标。光 2017 年这一年，就有 1028 头犀牛在南非惨遭偷猎者杀害，也就是说，平均每天都有 3 头犀牛死于非命！而这一切都只是因为有些人相信犀牛角磨成的粉能让他们变得更健康。按照这种速度下去，犀牛将会灭绝得比大象还快。

亚洲的**野生虎**早已濒临灭绝，如今仅存 3900 只。有些人会用偷猎来的老虎酿造“虎骨酒”，也就是将老虎的尸骨泡在酒中，据说这样的酒可以让人“像老虎一样强壮”。当然，这种说法完全是胡说八道。

有些富人喜欢自己猎杀野生动物。他们有时候会花上几万欧元来打猎，打到一头大象、老虎或者犀牛，然后将它们作为自己的勋章挂在家里的墙上。这可真是奇怪的爱好。

幸亏如今有些组织已经开始阻止偷猎者和其他猎人继续捕杀野生动物。濒危动物交易在世界各地都是违法犯罪行为。

渔网里的副渔获物：美人鱼

69 过度捕捞

世界有将近一半的人口，也就是30亿人，以吃**鱼**为生。鱼是他们的主要营养来源。全世界也有数百万人以捕鱼为生。我们一直觉得大海里的生物永远不会消失，但科学家可不这么认为。

1950年以来，我们捕捞的鱼的数量已经超过了鱼类自然增长的数量。鱼类无法快速繁殖，有些技术甚至还消灭了更多的鱼。人们在海里布下长达好几英里的渔网，进行大量捕捞。如果我们太频繁地捕鱼，海里的鱼类就没有足够的时间长大，于是便渐渐消失了。

渔网还会捞到许多**副渔获物**，比如海龟、海鸟等。这些小动物会被扔回海里，凄惨地死去。这对任何人都没有好处。

渔网还会刮到海底，破坏珊瑚、海底植物、贻贝和牡蛎床。在非洲和亚洲的某些地区，渔民会炸鱼：他们将炸药放在空的水罐里，然后在礁石附近引爆它们，被炸死的鱼就会漂到水面上。炸鱼会让珊瑚礁受到无法修复的破坏。亚洲的某些地方，渔民会将**氰化物**注入珊瑚礁的缝隙中，使鱼儿晕眩，然后抓住它们。其他海洋生物和珊瑚也会受到氰化物的影响，走向死亡。

如果我们希望未来的海洋里还有鱼儿，就必须仔细考虑捕鱼的方法。毕竟，我们都不想让海洋失去生机。

70 我们扔掉了满满一卡车的食物

想象一下，我们每个人每年丢弃的食物都有5个满满的大水桶那么多。我们常常将吃剩的面包、乳制品、蔬菜、土豆和水果扔进垃圾桶，也经常剩下许多糖果和饼干。如果将我们扔掉的所有食物都加起来，能装满好几千辆卡车。除此之外，我们每个人每年都会倒掉约60升软饮料、果汁、葡萄酒、啤酒、咖啡和茶。

全世界有约1/3的食物最终会进入垃圾桶。在发展中国家，大量食物会在收获和加工过程中发生损耗；而在发达国家，有许多食物会被扔进商店或家里的垃圾桶。

这是非常严重的**浪费行为**，尤其是地球上还有10亿人在挨饿的时候。不过，浪费食物的影响还不止于此。生产食物需要耗费大量的能源，并且需要经历包装和运输。有将近1/3的温室气体排放就来自食物生产。如果我们直接将食物扔掉，也会造成食物本身之外更多的浪费。而且这些食物都是由人类生产的，也就意味着有些人为了最终会被扔进垃圾桶里的东西而工作，这听起来怪怪的……

你知道吗？

生产食物需要使用化学燃料，每个人每天都需要消耗大约2升汽油。汽油是一种化石燃料，消耗汽油会产生二氧化碳。所以浪费食物也会增加二氧化碳的排放。

扔掉的食物

五

全球变暖的后果

71 一个地球已经不够用了

自 20 世纪 70 年代以来，人类每年的消耗量已经远远超出了地球一年的产量：我们每年捕捞的鱼比同年海洋增加的鱼多，每年砍伐的树比同年新生的树多，每年排放的二氧化碳等温室气体比森林和海洋能吸收的多。我们用钢筋混凝土和农田取代了自然土壤，一切早已超出了地球的承受能力。全球碳足迹网络计算出了一年内地球上的可再生资源被用完的日子。在这一天，人们已经提前用完了一整年地球能产出的所有资源，提前排放了这一年地球能处理的废物。我们将这一天称作“**地球透支日**”“**地球生态超载日**”或者“**生态负债日**”。

1990 年的“地球透支日”是 11 月 6 日。10 年后，“地球透支日”提前到了 10 月 9 日。2019 年，“地球透支日”是 7 月 29 日。也就是说，一年中，我们有整整 5 个月都是在靠地球从前积累的资源生存。这几个月里，我们持续消耗着地球剩余的资源，并造成了无法挽回的污染。但这不是我们的本意，我们应该努力让“地球透支日”晚些到来。

72 很快，我们就会泡在水里

来做一个小实验吧，向盛了水的杯子中放入一块冰，并在水面的位置做上标记。等冰块完全融化后再次测量水位。你会有什么发现？杯子中的水位几乎不会产生变化。

在第15件新鲜事里，你已经学到，北极是由海冰组成的，下面没有土地。因此，如果海冰融化了，海平面并不会上升或者下降。

但**格陵兰岛**和**南极洲**的陆地冰却不一样。格陵兰岛上有非常厚的冰帽，以及许多冰川，如果这些冰全都融化，海平面将会上升整整70米。要是只有格陵兰岛边上的冰融化了，还不会产生真正的危险，但假如格陵兰岛中部的冰也开始融化，情况就不容乐观了。融化的水会带着大块的冰或冰川流入海洋，在海里，冰融化得更快。南极洲上的陆地冰和高山上的冰川也可能会导致海平面上升。

2017年夏天，一座巨大的冰山从南极洲断裂开来。它非常庞大，甚至能填上欧洲大陆和英国之间的英吉利海峡，让英法海底隧道变成一道摆设。这座冰山位于南极洲的边缘，本来就是漂在海面上的，所以它对海平面几乎没有什么影响。但如果南极洲上的冰川融化，我们很快就要泡在水里生活了。

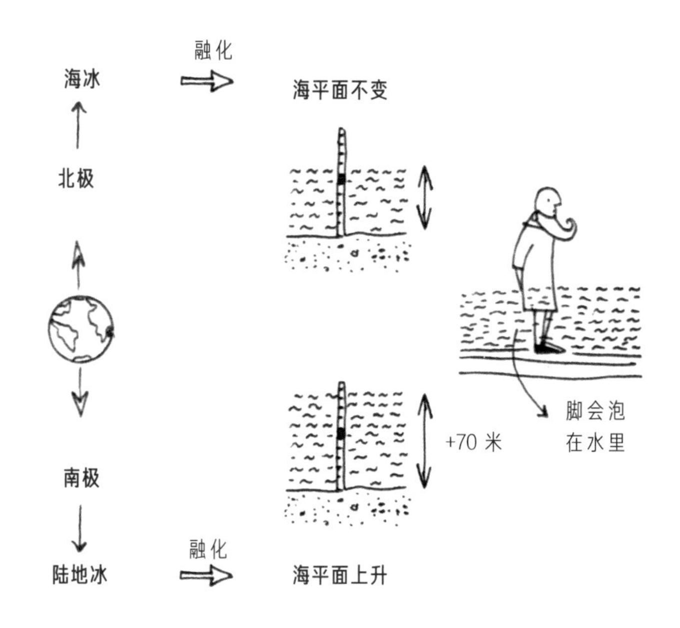

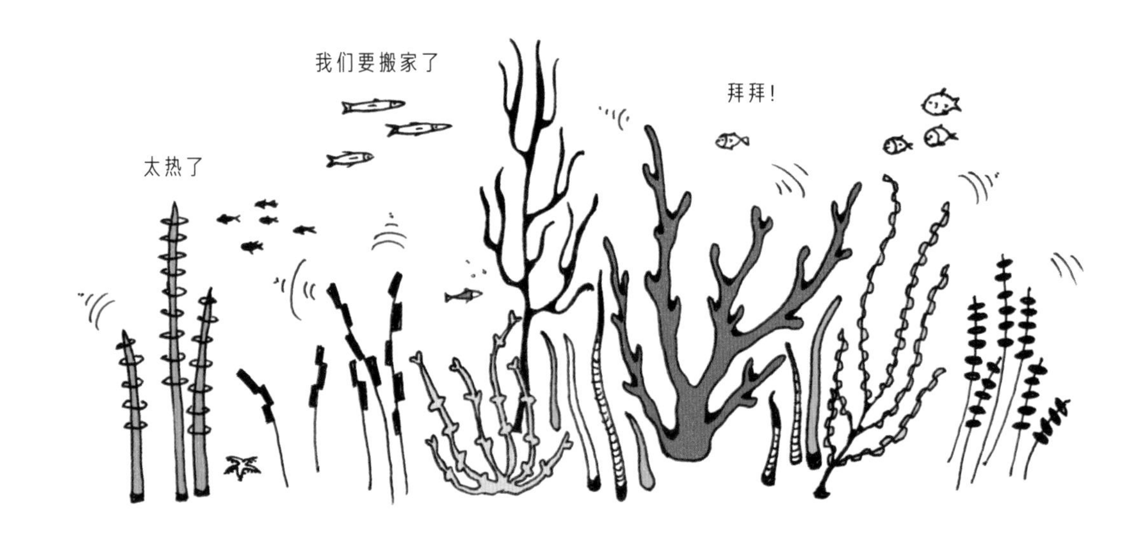

珊瑚受到高温的影响

73 我们很快就能在海里洗热水澡了（这可不是什么好事）

只要盛上满满一碗水，将它放进冰箱，再拿出来的时候，水的体积就会增加，水面会上升到碗的边缘之上。烧水的时候也会发生类似的事情。水在4℃时的体积是最小的。因此，除了陆地冰的融化，海洋中的水也会随着温度的升高而膨胀，从而导致海平面上升。海水每升高1℃，海平面就会上升1米。目前，我们的气温已经比1850年—1900年升高了1℃，不过幸好水的比热容高，升温的速度比空气慢。和1850年相比，现在的海平面已经上升了20厘米。

海水升温也对海洋生物造成了严重的影响，鱼类和其他海洋生物都不太喜欢升温的海水。在第23件新鲜事中，你已经知道了珊瑚的重要性。珊瑚的颜色来自生活在它们身上的藻类，珊瑚通过藻类获取营养。但如果海水温度升高2℃，珊瑚就会感到焦虑，它们驱赶身上的藻类，并因此失去食物来源。珊瑚会逐渐失去颜色，并在一段时间后消亡。

仅在2016年—2017年，澳大利亚就有1000多千米的大堡礁以这种方式消失了。大堡礁是世界上最大的珊瑚礁。不仅珊瑚死了，生活在那里的所有鱼类和其他海洋生物也都没了，只剩下一片空荡荡的大海。要知道，地球上有一半的珊瑚都已经消失了。如果海水的温度再升高2℃，就会给整个海洋生态系统带来一场浩劫。

74 如果你住在海边，就会陷入大麻烦

海平面上升对沿海居民来说可不是什么好消息。孟加拉国是亚洲的人口大国之一，科学家预测，这个国家将会有1/3的土地被海洋淹没，数百万人将因此流离失所。比利时和荷兰被称为低地国家，它们的海拔都非常低，如果**海平面上升**，这两个国家也难以幸免。人们将不得不建立起更高的堤坝。

沿海城市将面临很大的危机。它们通常是大都市，比如美国的迈阿密、纽约、波士顿、新奥尔良，印度的孟买，日本的大阪、名古屋以及中国的广州和深圳。这些城市也许将会面临肆虐的洪水。

如果你住在大洋中间的**小岛**上，情况还会更糟。所罗门群岛（太平洋上的一个岛国，包含数百

个岛屿）已经有5个小岛消失在日渐上升的海平面之下了。有的村庄会因此从地图上被抹去。比如，努阿坦布岛上曾住着25户人家，但后来有11座房屋消失在了海里，岛上一半的居民都不得不离开，前往海拔更高的岛屿居住。科学家担心，同样的情况还会发生在印度洋的马尔代夫和太平洋的马绍尔群岛，那里的居民将会流离失所。

正在消失的所罗门群岛

发达国家正在采取各种措施防止海平面上升，但相对不那么发达的国家却很难应对这个问题。海平面一旦上升，就会对那里数百万人的生活造成严重影响。

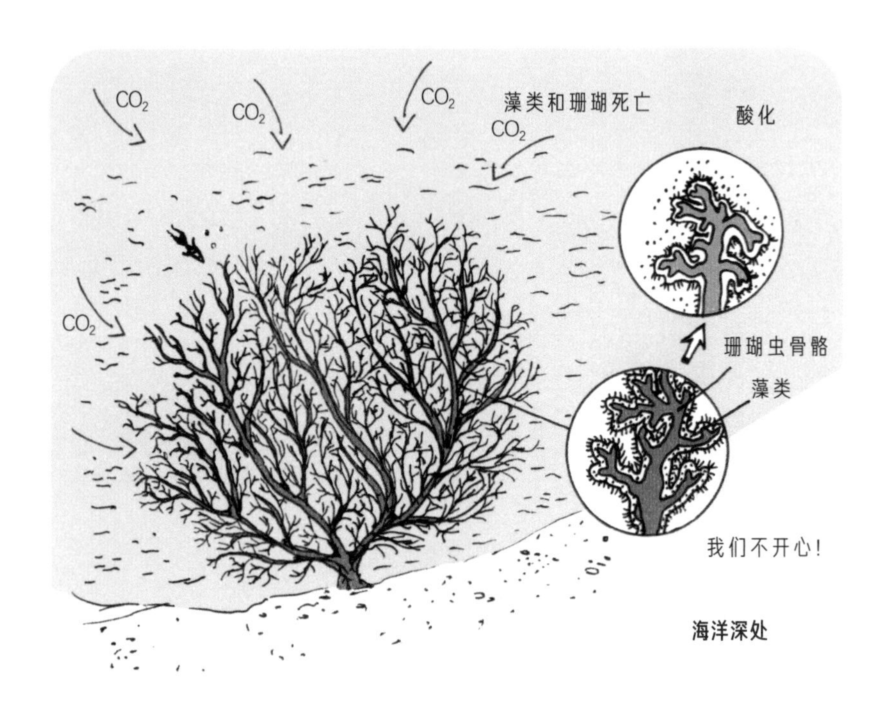

75 海水酸化对大家都没好处

海水能从大气中吸收大量**二氧化碳**：仅在过去的 200 年，海水就吸收了 5000 亿吨的二氧化碳。大量的二氧化碳降低了海水的酸碱值（pH 值），这意味着海水正在日渐酸化。我们可以比较一下气泡水和普通饮用水之间的区别：气泡水中含有更多的碳，因此会比普通的水更“酸”。只要同时喝一口气泡水和普通的水，大家都能尝出其中的不同。

19 世纪中期以来，海水的 pH 值已经下降了 0.1。这个数字听上去很小，却会给我们带来巨大的影响。**酸化**后的海水会腐蚀碳酸钙，就像用食醋清洗水龙头中的水垢一样，酸化的海水会腐蚀牡蛎、贻贝、蜗牛和其他贝类的外壳。软体动物一旦失去厚厚的盔甲，便很容易被天敌吃掉，也更容易生病。有时，软体动物的幼体会因为外壳的生长速度不够快而大量死亡。

更糟糕的是，海水酸化会影响藻类生长，而珊瑚需要藻类来提供营养。如果藻类消失，珊瑚礁也会随之消失。酸度较高的海水还会腐蚀珊瑚礁的主要组成部分，也就是珊瑚虫的骨骼。珊瑚礁非常脆弱，很容易受到污染和风暴的影响。因此，我们必须尽最大努力，防止海水继续酸化。

76 “冰箱”坏了怎么办……

永久冻土是多年冻结的土石层，也是地球上真正的“冰箱”。地球上有大约 1/5 的土地是永久冻土，它们主要分布在加拿大、阿拉斯加、西伯利亚和斯堪的纳维亚地区。夏天，冻土的顶层部分会解冻，我们将这个部分叫**活动层**。而到了冬天，一切又会全部冻结起来。

由于全球变暖，解冻的冻土越来越多，冻土变得更少、更薄。这相当危险。如果我们把冰箱的插头拔掉，再放上几天，冰箱里的东西就会发臭，因为所有的食物都腐烂了。永久冻土一旦解冻，就会发生与之类似的事情。冻土层里有很多植物和动物的遗骸，解冻之后，细菌就会分解这些遗骸，并释放大量的二氧化碳和甲烷。气候科学家非常关注这一问题，因为如果这些温室气体释放到大气中，就会加速全球变暖。因此，当务之急是防止“冰箱”的温度进一步上升，否则就可能会达到一个**临界值**（见第 96 件新鲜事），然后在短时间内发生极大的变化。一旦抵达临界值，冻土解冻产生的后果就难以逆转了。

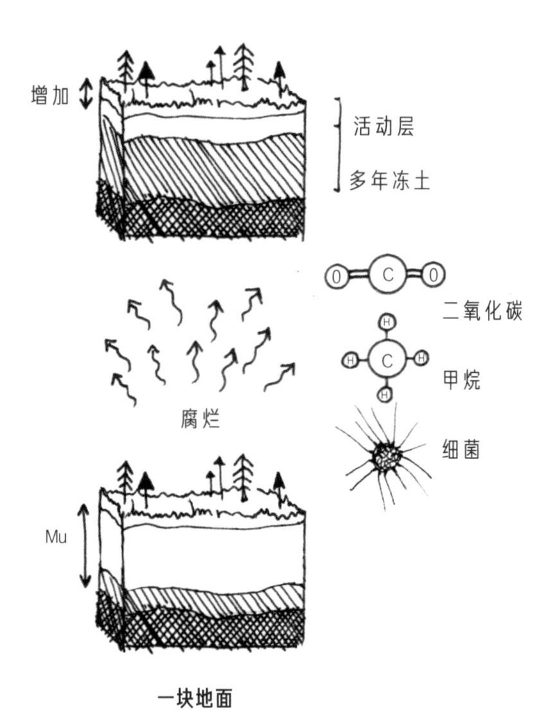

一块地面

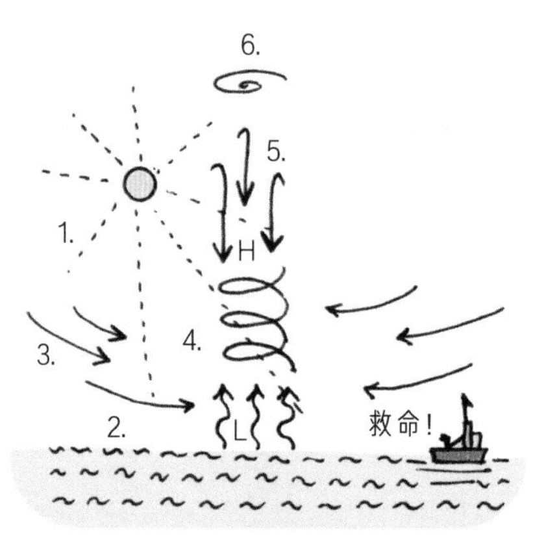

飓风

1. 阳光加热海水
2. 水分蒸发，出现低气压区域
3. 空气被吸入
4. 热空气向上挤压，形成雨
5. 空气变稀薄，风眼形成
6. 空气中形成螺旋，风暴诞生

77 风……风暴……飓风！

全球变暖会让天气变得更加极端，比如出现长时间的持续干旱。没有水，果实就会变小，谷物难以正常生长，农作物就会歉收。全球变暖还会导致更多的**高温天气**，人们只能跳进泳池给自己降温。滚滚的热浪还会引发**森林火灾**。2018 年，加利福尼亚就发生了这样一场森林大火。就连位于全球最北端，夏天气温通常不算太高的瑞典，也因高温导致了森林火灾。西伯利亚地区的针叶林也曾发生大火，1000 万公顷以上的林地惨遭焚毁。2018 年夏天，日本遭遇了有史以来最严重的洪水，200 多人因此丧生。近年来，飓风“米奇”“卡特里娜”“威尔玛”和台风“海燕”等也夺走了许多人的生命。

当然，自然灾害一直都存在。在任何一个时代，我们都有可能遭遇**洪水**、**飓风**、**龙卷风**或**风暴**。除去瘟疫之类的疾病，历史记载中最严重的自然灾害是中国 1931 年江淮大水，造成了数百万人死亡。现在，科学家已经可以使用各种电子仪器来更为精准地预测天气，从而让人们及时撤离危险地带，减少伤亡人数。如今，全球发生的极端天气数量已经增长到 1980 年的 3 倍，很多科学家都认为全球变暖是罪魁祸首。

78 城市中的热浪

你有没有在炎炎夏日里去过城市，或者你就住在城市？你有没有感觉到，城市比乡下和海边要热得多？没错，事实就是这样。

这是城市的地面**反照率**导致的。城市里有许多深色的建筑物和光秃秃的广场，路面上还有许多黑色的沥青。这些深颜色吸收了太阳光，散发出大量热量，让城市的温度上升。

由于建筑物很密集，城市里的风也往往无法像在乡下那样起到降温作用。除此之外，城市还有更多的车辆、空调和工厂，人们也会消耗更多的能源。因此，城市的温度会比乡下高出大约 8℃！如果森林的温度是舒适的 23℃，城市的气温就可能高达 31℃。于是，城市就成了“热岛”。

到 2050 年，将有 68% 的人住在城市，所以我们必须确保城市的宜居性，让城市里的绿色更多、汽车更少，让人们能心旷神怡地散步或骑车——当然，也要让冰激凌不要融化得那么快。

许多人都在给我们的城市增添更多绿色，他们悄悄地将种子和球茎埋进地里，让它们在城市的缝隙间生长。这就是所谓的“**游击园艺**”。比如说，你可以在某个地方悄悄种下水仙花或郁金香的球茎，没有人会注意到它们。但到了春天，这些球茎就会开出美丽的花朵，引来蜜蜂和其他昆虫。葵花子或南瓜子种起来更容易，薄荷能带给城市清新的气息，牡丹花和金盏花也能为城市增添不一样的色彩。还等什么呢？快动手吧！

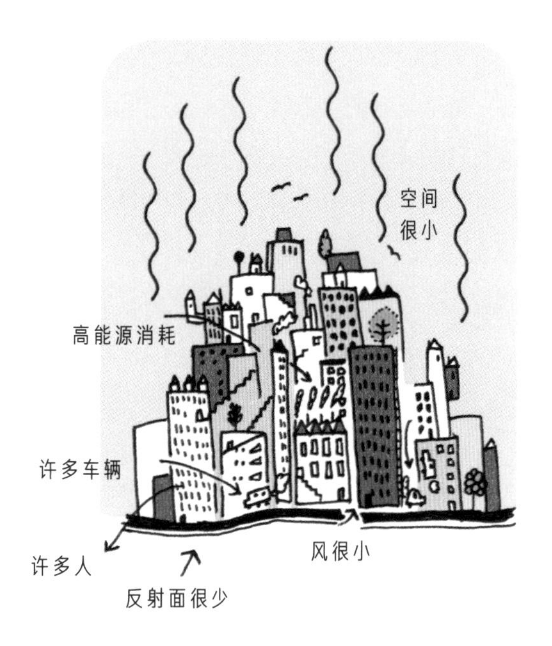

欢迎来到沸腾的城市

79 着火的森林

你有没有在电视上见过这几年夏天到处肆虐的**森林火灾**场景？希腊首都雅典附近曾发生过一场森林大火，91人因此丧生。这是自1900年以来死亡人数最多的森林火灾之一。2017年，葡萄牙和西班牙的大片森林消失在烈火之中。而在美国加利福尼亚州，消防队不得不使出浑身解数去扑灭森林大火，许多好莱坞明星的住宅都受到波及。加利福尼亚州北部的天堂村曾经是一片真正的乐土，可如今大火已经将它彻底从地图上抹去了。

燃烧的三要素分别是：可燃物、助燃物（氧气）与点火源。在欧洲森林大火常发的季节，这三种要素特别容易集全。潮湿的冬天让森林拥有大量的树木，在少雨的夏季，滚滚热浪让树木变得干燥起来，这时，只要一个小小的火花就能引发森林大火。有时，发生森林火灾是由于某些人的大意或不良企图，但更多时候是由**雷击**引起的。气候变化意味着雷暴会越来越频繁，闪电也会越来越多，树木也就更容易着火。

气候学家预测，未来的高温天气将是现在的两倍，雷电次数也会增加，从而引发更多的森林火灾。因此，如今的情况对于森林和森林中的一切生物来说都不容乐观。

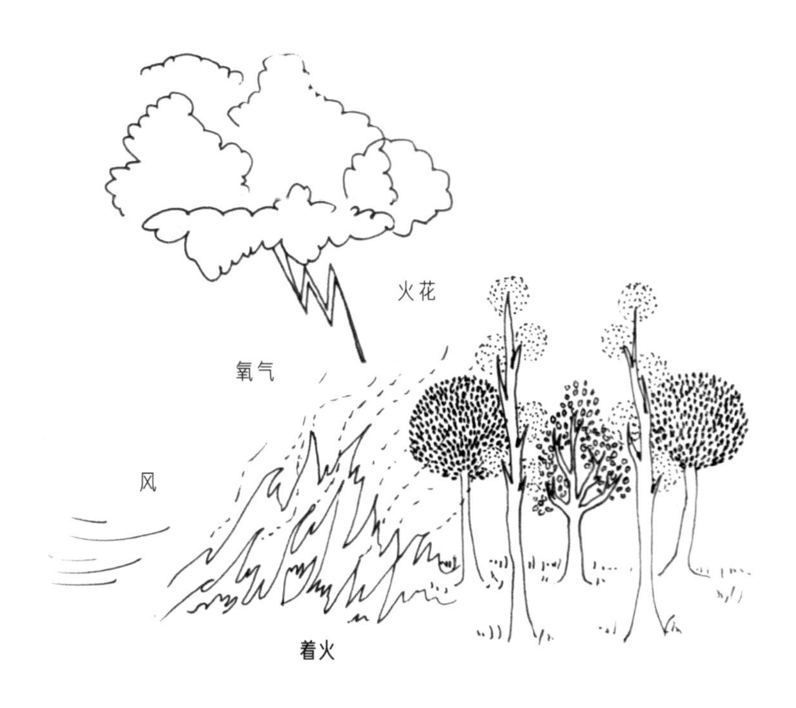

全副武装准备过冬

80 气候变暖，但冬天更冷了……

今年你有没有爬过山？许多高山的山顶都覆盖着茫茫白雪，兴许你还可以去山上滑雪。冬天有些时候，山上会格外冷，叫你不得不叠穿好几件衣服。那么，严寒的冬天和全球变暖之间有什么关系呢？

首先，可不要把气候和天气弄混了。气候是长期的，是在多年观测到的天气基础上（比如 15 年或 30 年）取的一个平均状况。我们都知道，地球上的平均气温在不断上升。天气则是局部的、暂时的。它可能会突然发生变化，比如你正穿着泳衣，打算享受日光浴，结果突然就下起了大雨。

其次，很有可能是气候变暖导致了某些地方的冬天变得更冷。比如 2019 年 1 月，美国大部分地区经历了一波可怕的寒潮。这是因为冷空气从北极吹到了美洲大陆，在大气层高处形成了极地涡旋，所以一些地方变得非常寒冷。但全球其他地方的气温却比正常情况下高得多。科学家怀疑，虽然全球都在变暖，但北极升温可能会使美国的冬天变得更加寒冷。

有时，全球变暖甚至会导致大量降雪。2006 年冬天，美国北部的伊利湖首次没有结冰，湖中的水继而蒸发而凝成云，然后化作雪花再次降落，从而造成了大量降雪。

无论如何，未来几年的气候都将更加变化莫测。科学家非常担心这一点。

81 候鸟失去了北方

候鸟为了生存，必须定时迁徙。如果生活的地方变得太热或太冷，没有足够的食物，它们就会离开家乡，长途迁徙到更适宜生存的地方。比如说，春夏两季的时候，**燕子**会在欧洲北部繁衍生息；而气温下降后，它们就会迁徙到亚洲、非洲或南美洲温暖的地区。这些鸟儿清楚地知道应该去哪里才能找到充足的食物。它们通常会选择同一个地方，然后采取固定的一条迁徙路线。

可气候变化正在给候鸟的迁徙带来困难。全球变暖使各地平均气温升高，也就意味着春天会开始得更早。候鸟抵达迁徙地的时候，它们平时吃的毛虫和其他幼虫都化蛹变成蝴蝶或飞蛾了，导致它们无法为幼鸟找到足够的食物。有的幼鸟因此死亡，而活下来的幼鸟则往往比较虚弱，无法在夏末时完成南迁。

气候变化也意味着风暴、飓风、洪水、高温、干旱和其他极端天气都将增多。如果候鸟遇上了这些极端天气，就难以抵达目的地。

天上的卫星和地面上的鸟类观测员都会记录鸟类迁徙的轨迹。有的卫星会检测天气状况，还有的卫星会拍摄地表，寻找鸟类生活的地域。人们会结合卫星拍摄的信息与鸟类观测员的观察结果进行研究。近年来，人们发现候鸟的数量下降得非常快。有些鸟儿找到了其他过冬的地方，但大多数候鸟都失去了可以过冬的栖息地。

你知道吗？

发达国家和发展中国家的人都在想办法拯救候鸟。欧洲各个自然保护组织正在和非洲的人们合作，一起在候鸟栖息地植树造林，让鸟儿可以舒适地度过冬天。

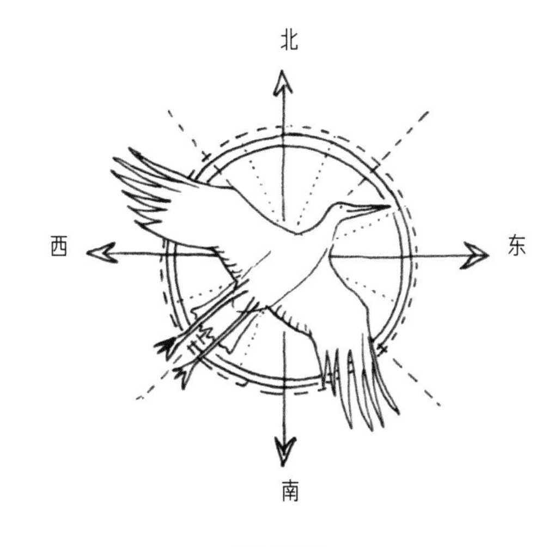

候鸟迷路了

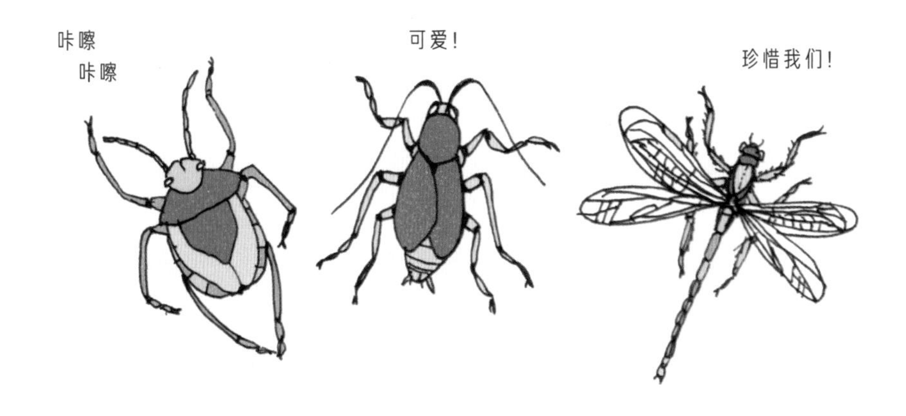

82 令人发毛的虫子都去哪儿了?

假如一只甲虫落在了你的手臂上，你会尖叫吗？假如看到黄蜂，你会选择绕开它吗？相比与昆虫共存，更多人想要彻底摆脱昆虫。可他们没有意识到，**昆虫**其实非常重要。昆虫能为花朵和农作物进行授粉，是鸟类、青蛙、蟾蜍、蝾螈、蜥蜴和许多其他动物的食物，它们可以预防虫害，也可以分解食物和粪便，保证土壤健康。没有昆虫，生物多样性会大大下降，大型生物也会随之消失。

昆虫是地球上最大的动物群体，迄今为止人类已知的昆虫就有 100 多万种。据科学家估计，可能还有几百万种昆虫尚未被人类发现。不幸的是，昆虫的数量正在迅速下降。有些地方的昆虫数量比之前下降了 75%。如今，蜜蜂、蚂蚁和甲虫正迅速减少，其速度约为哺乳动物、鸟类和爬行动物的 8 倍。假如不对其进行干涉，这些昆虫会在 21 世纪末灭绝。

为什么昆虫会消失呢？第一，我们给农作物喷了太多的**杀虫剂**，整个生态系统都和昆虫一同被消灭了。这真令人遗憾，因为我们本可以用一些更加安全环保的方法来生产食物。第二，由于城市用地增加，昆虫常常无家可归，街道和广场上没有足够的空间来筑巢，也没有足够的花朵用于觅食。第三，昆虫也会生病，有些病毒甚至会消灭整个昆虫族群。气候变化还会导致某些原本只生存在非洲的昆虫出现在了欧洲，这样一来，外来昆虫会吃掉本土的昆虫，导致整个生态系统发生改变。

下次见到甲虫或苍蝇的时候，就放它们一条生路吧。我们需要昆虫。

83 雨林太热了

有些昆虫会被高温所困扰，尤其是那些生活在**热带雨林**的昆虫。一般来说，昆虫和人类一样，适应力很强，但现在的气候变化得太快了，连昆虫也适应不了。

多年以来，科学家一直在监测**波多黎各**的**埃尔云克雨林**里的昆虫数量。1976 年，雨林中的昆虫数量是 2013 年的 60 倍。埃尔云克附近没有农田，没有使用农药，也没有工地。他们几乎可以肯定，气候变化是最重要的因素。这几十年中，平均最高气温上升了 2℃。热带的昆虫都很特别，一旦环境发生微小的变化，比如温度升高，它们的世界就会完全崩塌。当昆虫无法迅速适应新的环境时，很快就会消亡。

随着昆虫渐渐消失，食虫动物的数量也减少了，比如埃尔云克的鸟类和蜥蜴。所以你瞧，食物链的每一个环节都很重要，一个物种的消失会对整个食物链产生影响。

热带高温

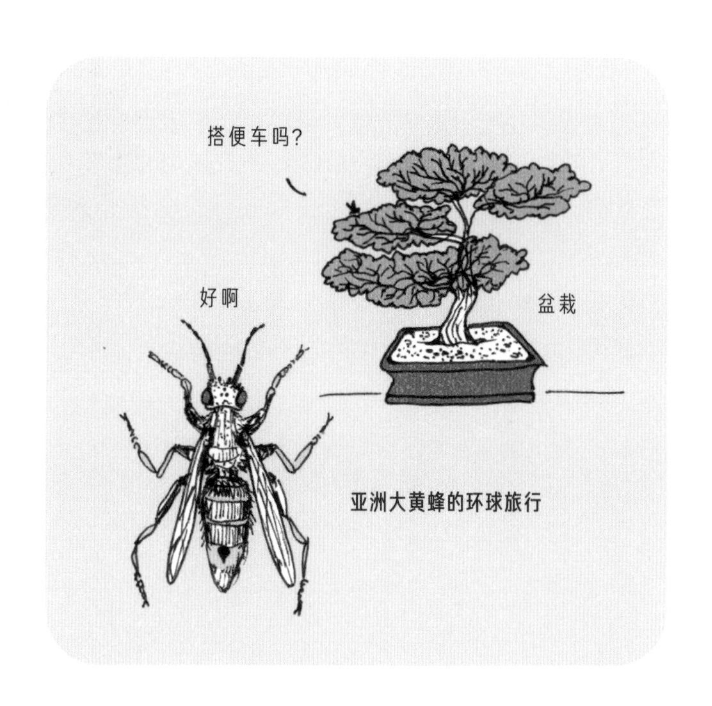

84 爱吃蜜蜂的黄蜂

蜜蜂们遇上了麻烦。它们的数量变得越来越少，并且还在持续下降。这主要是由于一种特殊的农药，摄入这种药的蜜蜂往往无法过冬。这种药还会使蜂后的活力下降，一旦失去蜂后，整个蜂巢都会消亡。欧盟现在已经禁止这种药物的生产和使用。

蜜蜂们还面临另一个问题：**亚洲大黄蜂**。这是一种大型黄蜂，长 2.5 厘米至 3 厘米。欧洲蜜蜂对本土黄蜂很熟悉，一旦受到黄蜂攻击，就能马上包围黄蜂并杀死它。但它们并不认识亚洲大黄蜂，于是亚洲大黄蜂便可以闯入蜂巢，夺走原本属于蜜蜂的一切。2004 年，亚洲大黄蜂与许多盆栽一同来到了法国。5 年之后，法国境内就出现了数以千计的亚洲大黄蜂巢。英国、意大利、比利时和荷兰也都相继出现了亚洲大黄蜂。它们有着黑色的腿、独特的黄色尾刺、橙红色的口部和黄橙色的腹部。

85 可以关灯吗？我们想保留一些隐私

新的太阳？

也许你没听说过“**光污染**”，你会觉得这个词有点奇怪，光怎么会造成污染呢？但它的确也是一种污染。光污染指的是一些能让人们在夜间看到东西的人造光源：路灯、高速公路两旁的大照明柱、足球场的灯光、各种建筑物外部的灯光等。

当然，有灯光为我们照亮夜晚的街道是一件好事，但它会让昆虫感到困惑。将近一半的昆虫是在夜间活动的，它们需要在黑暗中生存。如果一直开着灯，有些昆虫就无法交配。人造光源影响了雌虫发出的“气味信号”，让它们不再吸引雄虫，昆虫之间的受精行为没有了，也就不能再繁殖幼虫，比如雌性**萤火虫**。

蜣螂等昆虫靠星空来寻找位置。它们的身上有一个特殊的器官，可以“阅读”月亮和星星的位置，这是它们唯一能将粪球带回巢穴的办法。人造光源会让它们迷失方向。

有时，灯光甚至会扰乱白天活动的昆虫的生活。**蜜蜂**在白天活动，但如果它们的巢穴附近有人造光源，它们就有可能在夜间继续活动。因此，蜜蜂变得睡眠不足、疲惫不堪。如果不能从夜间活动的疲倦中恢复过来，它们就会渐渐死亡。别开那么多灯了，出门的时候带支手电筒吧，这样一来，就能给昆虫们留下一些隐私……

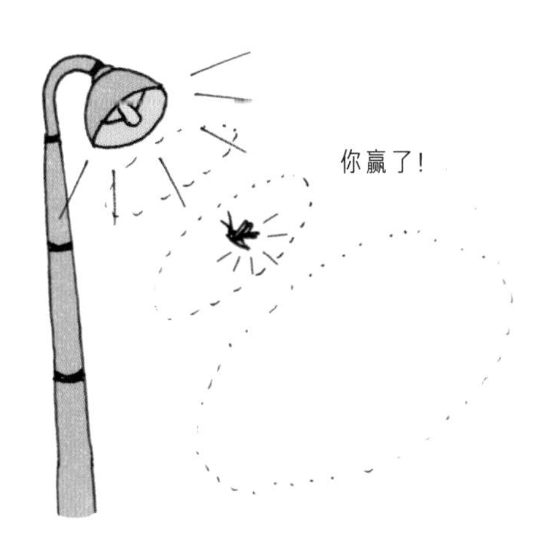

路灯对萤火虫来说太亮了

86 有的动物蒙受了损失，有的动物却能在短期内获益

气候变化和环境污染对大多数动物都产生了不利影响。北极的冰层融化，**北极熊**的日子就变得很难过。北极熊擅长游泳，但它们终究不是鱼。在海水里，它们难以猎取海豹和其他动物；没有海冰，它们就没有地方休息。它们几乎无法寻找配偶，就算有了幼崽，也没有雪用于筑巢。北极熊正在强迫自己适应北极和格陵兰岛上的种种变化，一旦适应不了，它们将无法生存。因此，北极熊逐渐成了高度濒危的物种。

但对另一些动物来说，更温暖的海水暂时还不会造成什么问题。有些**鲸**非常适应温暖的海水，冰层变少了，它们就能更轻易地游到其他地方。它们的觅食区域变得宽广，意味着它们有更多机会遇到其他鲸，然后一起生下更多的小鲸。可惜的是，这种好处只是暂时的。随着生态系统渐渐改变，这些鲸的生活也会发生变化。珊瑚消失了，磷虾变少了，鲸就没有了足够的食物。这一切都是因为生态平衡遭到了破坏。有些动物看似能从气候变化中获益，但从长远看，所有动物都将变得越来越难以生存。

87 华南虎还存在吗?

20 年前，**世界自然保护联盟（IUCN）红皮书**上还仅有 1 万种濒危的动植物，但到了 2018 年，这些动植物的种类就已经增加到了当年的两倍多，已经**超过 2.7 万种**。

目前，人类已知的 140 万种动植物和微生物包括：哺乳动物、鸟类、鱼类、昆虫、其他无脊椎动物、爬行动物、两栖动物、植物和真菌。

列入红皮书的动植物越来越多，因为有越来越多的物种正走向灭亡。由于栖息地的丧失、环境污染、气候变化和偷猎，许多动物濒临灭绝。红皮书中包括了 2.7 万种以上的濒危动植物，其中包括 25% 的哺乳动物，14% 的鸟类，31% 的鱼类，33% 的珊瑚，34% 的针叶林和 40% 以上的两栖动物。

哺乳动物中，黑犀牛、红毛猩猩、中华白海豚、大猩猩、远东豹和树袋鼠都极为稀少，只剩下几百只。但情况还会变得更糟。我们几乎可以肯定，有些物种会在未来几年内灭绝。加湾鼠海豚只剩下大约 18 只，偷猎者还在尝试捕捉并出售它们，它们有时还会被渔网套住。爪哇犀只剩下 60 头，它们常常遭到偷猎是因为有些人认为它的角有药用价值。在中国的海南岛，还生活着 36 只海南长臂猿，它们的生活空间太小，繁殖能力也很糟糕。有 50 只北鼬狐猴生活在马达加斯加，它们的生存状况也不容乐观。至于华南虎，仅存的也不多了。

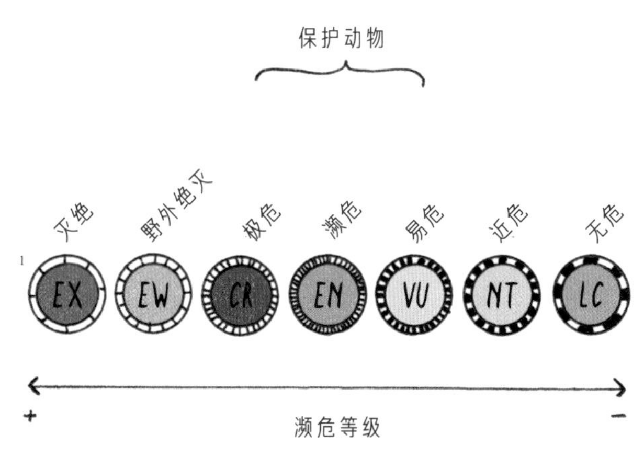

世界自然保护联盟红皮书

1 圆圈内的字母为各濒危等级的英语缩写。——译者注

温度上升=更多的动物来北方度假

88 食蜂鸟和白纹伊蚊

你听说过**食蜂鸟**吗？它们是一种美丽的鸟儿，有鲜艳多彩的羽毛。食蜂鸟种的黄喉蜂虎通常在南欧地区繁衍生息，但随着夏季变得越来越热，这些鸟儿开始逐渐向北方迁移。如今，它们已经出现在比利时地区。而它们的远房亲戚，常年在北非和亚洲生活的绿喉蜂虎，也出现在了欧洲北部。食蜂鸟以黄蜂、蜻蜓、蝴蝶和蜜蜂为食，往往很难在北方生存。它们的活动区域发生了这样的变化，和气候变暖不无联系。

可天气变暖不仅给北方带来了美丽的鸟儿，还有**外来的蚊子**。在荷兰最北部，人们发现这些蚊子很危险，因为它们会携带各种病毒。比如，**白纹伊蚊**会传播登革热、黄热病或寨卡病毒。这种蚊子被装在行李箱或跟着其他货物来到了欧洲。从前，它不能在寒冷的北方生存，但现在天气变暖和了，它就能很好地适应北方的气候，并在那里生存下去。白纹伊蚊很容易辨别，它们非常小，身上有黑白相间的条纹，腿上也有白色细纹。科学家正密切关注着它们，努力确保它们不要引起传染病。

89 再见了，植物们……

不仅仅是热带地区的动植物在消失，欧洲的一些植物也已经不见了。

你知道吗？比利时曾经有 50 多种**兰花**，其中至少有 6 种已经灭绝了。其他的植物也并不乐观。以**双叶兰**为例，它们并非花店里卖的那些绚烂的大兰花，而是一种开着小花的、不那么起眼的植物。它们需要大量的水分才能生长。但由于全球变暖，比利时的气候变得越来越干燥，双叶兰得不到充足

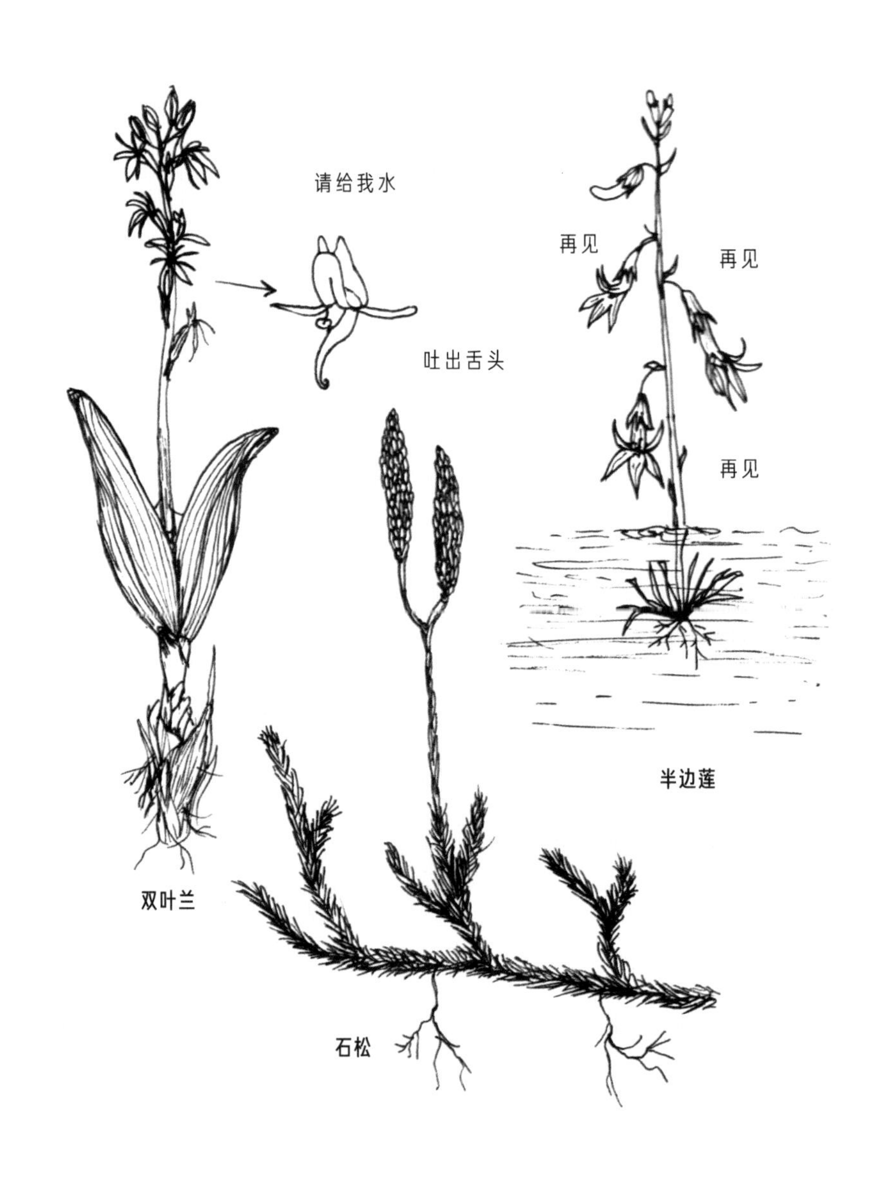

的水分就很难生存。虽然人们已经将它们保护了起来，但情况不是很乐观。在 2017 年和 2018 年，双叶兰已经变得非常稀少。

石松也是如此。这种植物比恐龙还要老，它们经历了沧海桑田，如今却越来越少。石松对高温和干旱天气极为敏感。这很令人遗憾，因为它用途广泛，可以用于制药等各个领域。你也许听说过阿尔茨海默症，得了这种病之后，人们的记忆力会变得越来越糟糕。石松中就含有一种物质，可以治疗这种病。

半边莲、**欧洲黑杨**和其他植物的情况也不乐观，全球变暖可能会将它们推向生命的悬崖。

90 世界上只剩下雌性该怎么办?

人类和其他哺乳动物的性别会在受孕时立即确定。但有些蜥蜴、龟、蛇或鳄鱼则并非如此，它们的性别取决于孵蛋的温度，我们将其称作**温度依赖型性别决定**。

超级聪明的你肯定立刻就能意识到这意味着什么。气温的变化会导致过多（甚至只有）雄性或雌性诞生。**海龟**将自己的蛋埋在海滩上。温度较高的时候，出生的大多是雌性；而温度较低的时候，出生的大多是雄性。全球气温升高几度，就会导致雌龟的孵化概率过大，甚至可能意味着整个物种的终结。假如雄性没有了，谁来让雌性受精呢？除此之外，过于温暖的海水还会让幼龟体形变得更小，而且不再强壮。

鳄鱼的情况则刚好相反。气温高于 32℃ 时，只有雄性鳄鱼会出生；而气温一旦低于 30℃，就只有雌性鳄鱼会出生了。你瞧，仅仅几度的温差，结果就会完全不一样。

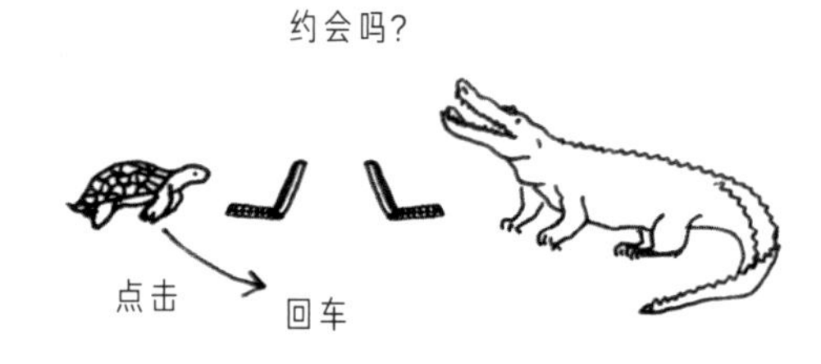

高温下的创意约会

气候难民

91 气候难民

若是某个地方变得不再适合生存，生活在那里的人就会逃离。他们离开自己的家园，抛弃财物，前往其他更适合居住的地方。过去，人们逃难常常是因为战争，他们在某个国家不能安全地生活。而如今，因气候而离开家园的人渐渐多了起来。许多人不得不搬离居所，或是因为海平面上升导致洪水泛滥，将他们的家园毁于一旦；或是因为他们的家园化作了荒芜的沙漠，不再有足够的饮用水；或是因为干旱导致作物歉收，让他们忍饥挨饿；或是因为飓风、海啸、地震等自然灾害，让他们不得不逃离……但这些气候难民最终的落脚处也往往存在着各种环境问题，他们的到来可能会导致冲突，甚至引发内战。

第一批公认的**气候难民**来自太平洋的图瓦卢。2014 年之后，他们开始迁往新西兰，因为图瓦卢可能会在几年之内完全消失在大海中。亚洲和非洲的人们也受到了严重的影响。由于戈壁沙漠常年干旱，成千上万的中国农民迁往了城市。在人口稠密的孟加拉国，很多地区海拔较低，数十万人不得不逃离家乡，躲避不断上涨的海水。就连在北美，也有许多人因气候而背井离乡。比如路易斯安那州的让·查尔斯岛，由于逐渐被海水淹没，岛上的居民不得不搬离家园；飓风过后，纽约州和新泽西州的许多人也不得不离开家乡；而在加利福尼亚州，森林大火也让不少居民流离失所。

据研究人员估计，气候难民的数量还将逐年增加。到 2050 年，可能会有 1.5 亿—3 亿人成为气候难民。3 亿人……这可比德国、法国、英国和意大利的人口加起来还要多——这么多人都将踏上逃难之路……

92 不发达国家付出的代价最大

生活在不发达国家的人们，平均下来每个人排放的二氧化碳比发达国家要低得多。一个非洲居民一整天的用水量仅相当于我们用于冲厕的用水量。可那些最为贫困的国家，却是全球变暖的最大受害者，他们受干旱和洪水的影响最严重。非洲海域和湖泊里的鱼越来越少，他们的食物也越来越少。除此之外，人们还大多没有能力来保护自己，让自己免受各种灾害的影响。

这当然不公平。事实上，那些不发达地区的人是在为发达国家的行为买单。因此，发达的工业化国家应当承担责任，寻找方法，缓解不发达国家因气候变化产生的种种现象。这就是我们所说的“**气候正义**”。我们还应该帮助发展中国家，确保这些国家能在不继续增加碳排放和环境污染的情况下保持经济增长。只有同所有国家一起分享我们的知识，我们才能做到“气候正义”，才能不继续破坏环境。

六

我们应该怎么办?

气候会议

93 团结合作才能解决问题

读完上面所有内容之后，你应该意识到，我们正面临着非常严峻的**挑战**，甚至可能是人类有史以来最大的挑战。如今，越来越多的人都意识到了时间的紧迫，聪明的人们正忙着寻找解决办法。他们尝试着在生产生活的时候使用更少的原材料和能源，排放更少的温室气体和有毒物质。现在很多地方都深受全球变暖和环境污染的危害，因此各地的人们都在努力寻找人类和环境相互适应的方法。

世界各国都举办了许多**气候会议**，与会者包括各国政府、科学家、商业领袖和各类组织的代表等。人们根据联合国政府间气候变化专门委员会（IPCC）收集的数据制定了**气候目标**（见第 41 件新鲜事），也规定了达到目标的预计日期。

1997 年，人们在日本京都市起草了《京都议定书》，这是一份非常重要的文件。当时，各大工业国家（美国除外）都同意削减温室气体的排放。根据议定书中的计划，到 2012 年，温室气体的排放量应比 1990 年平均削减 5.2%；2013 年至 2020 年，温室气体的排放量应比 1990 年平均削减 18%。2013 年以来，全世界每年都会举办一次气候大会。2015 年，195 个国家在巴黎签署了一项新的国际气候协定。协定指出，我们应努力将气温升幅控制在比 1850 年至 1900 年高 1.5℃之内。如果我们想让地球保持宜居，就必须将气温升幅控制在 2℃以内。所有的国家都必须制定气候计划，列出让本国减少温室气体排放的方法，发达国家应帮助发展中国家进行减排。制定条约只是减排的第一步，这些措施能得到多少落实还有待观察。2017 年，美国已退出《巴黎协定》。

可持续发展，意味着我们要合理地使用资源，让我们的子子孙孙继续安然地生活在地球上。为此，我们需要平衡人类、环境和经济之间的关系。

联合国通过了 17 项可持续发展目标，各成员国应该在 2030 年前实现这些发展目标。

这些发展目标相互关联，涉及人类、环境、气候、财富和正义。

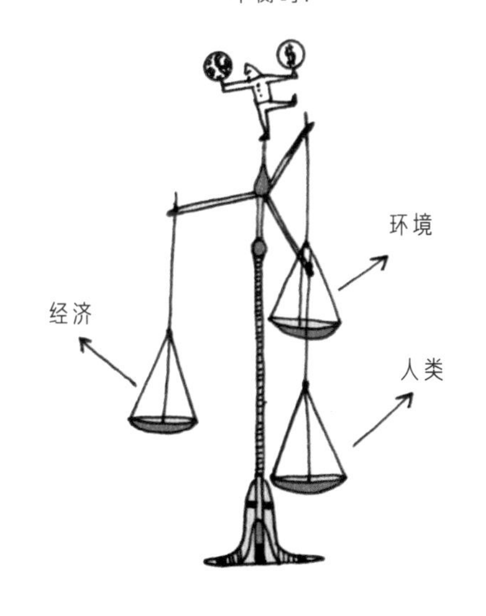

17项可持续发展目标

第一项目标，是消除一切形式的**贫困**。过去 20 年中，全球贫困率有所下降，但仍有 1/10 的家庭每日的生活费在 12.5 元以下。与此同时，我们还必须尽力让人们不再忍饥挨饿。只要我们可持续地种植粮食，可持续地分配和消费食物，就能让每个人都吃饱饭，让世界各地的儿童都有权接受良好的教育，男孩和女孩都一样。成年人有权获得待遇优良的工作，赚取足以谋生的收入。

当然，这些目标也涉及了**环境**和**气候**。我们必须确保使用清洁能源进行生产，减少二氧化碳排放和工厂污染。我们需要更加谨慎地对待现存的原材料和能源。发达国家应该帮助发展中国家，使其实现环保和可持续发展的飞跃。我们必须确保全世界的人们都不再砍伐森林，而是植树造林。

这些目标本身都很棒，但它们也意味着各国必须比从前更加紧密地合作。这无疑是实现这些目标最大的挑战。

95 鱿鱼和环保塑料

你能想象吗？在一个大实验室里，白色的实验桌后面，站着许多**鱿鱼**实验员，触手里拿着各种各样的试管。这个情景非常有趣，但环保塑料当然不是这么制作出来的。鱿鱼确实为我们提供了帮助，科学家也正在用鱿鱼进行实验。鱿鱼的触手上有圆形的吸盘，上面长着小小的牙齿。这些牙齿能让鱿鱼更好地抓紧猎物。有些种类的鱿鱼牙齿中含有一种特殊的蛋白质（我们将其称作“**鱿鱼环齿蛋白**”或“SRT”）。这种蛋白质可以用于制造可降解的生物塑料。这种塑料用处很大，如果往雨衣或帐篷帆布上加上一层这样的塑料，就能起到很好的防水作用。如果衣物的纤维撕裂了，这种塑料还能让它们再次“生长”在一起。用鱿鱼环齿蛋白制作的塑料非常坚固，经常清洗也不会有塑料颗粒流入水中。

再加一点鱿鱼蛋白

最重要的是，没有鱿鱼会为这种塑料而牺牲。科学家可以借助特殊的细菌，人工生产这种蛋白质。所以鱿鱼不需要为了让世界变得更好而牺牲自己。

96 测量出的知识 1：气候科学家的预测

科学家不断尝试预测气候。气象学术语中，这种预测叫“**气候情景**”，在气候科学中极为重要。气候科学家的工作基于确凿的数据和事实，他们尽可能地不进行猜想和臆测，而是对事物进行测量和计算，用实验来进行验证。他们会根据测量的数据，尝试去了解自然和气候的运作方式，以及人类对它们产生的影响，从而通过这些“气候情景”来预测未来。比如说，气候科学家可以预测到，地球在未来会变成什么样子。

前面已经说过，气候变化相当缓慢，但科学家很担心到达**临界值**，因为那时候，就会发生一些不可逆转的事情。我们需要在那一切发生之前就采取

行动。

以极地冰融化为例，假如所有的冰雪都因为全球变暖而融化，我们就会抵达一个临界值，到时，就算温度再降低，也无法让冰盖重新恢复。少了极地冰，地球上的一切都会发生变化。到时候人类和动植物能否继续生存，至今仍是一个未知数。因此，科学家尝试着去预测，在抵达临界值之前，我们还有多少冰可以融化，以及天气可能会变暖到什么程度。为此，他们将过去的数据和新的测量结果相结合，构建出了一套气候模型。气候模型能帮助他们测出气候的复原力，比如：在什么时间能自行恢复，在什么时间不能自行恢复。

气候科学家预测出的临界值越精准，就越能为我们提供好的信息和建议。这样一来，政府、企业和我们大家就能趁现在采取适当的行动。

97 测量出的知识 2：藻类带来的帮助

气候科学家预测，如果大气中的二氧化碳量保持在目前的水平，气温将上升 1.5℃—4.5℃。这个预测并不精准。因为我们知道，气温每升高 1℃，都会带来极大的变化。因此，1.5℃—4.5℃ 之间整整 3℃ 的差距，带来的结果会差别很大。

为了做出更加精准的预测，科学家收集了海底有几百万年历史的**藻类化石**。藻类以吸收二氧化碳为生。它们更加偏爱比较“轻”的二氧化碳。如果能吃到“轻”二氧化碳，它们就不会吸收“重”二氧化碳。因此，科学家就在藻类化石中寻找二氧化碳的种类。

有时，科学家能找到吸收了“重”二氧化碳的海藻。他们将采集的信息和其他数据相结合，能更精准地计算出二氧化碳的增加或减少对气候产生的影响。科学家还发现，如今二氧化碳的含量变化比从前快得多。以前那些需要数百万年才能改变的事情，如今却只需要 100 年了。

有了这些信息，科学家就能更好地预测二氧化碳对气候和温度的影响。有趣的是，帮助了科学家的正是那些小小的藻类。

藻类带来的帮助

98 测量出的知识 3：用海盐来预测气候

如果你尝过海水，那你一定知道海水是咸的。海里的水越咸，密度就越大。密度大的海水向下沉，就形成了海洋里的洋流。这些洋流对气候的影响很大。在洋流发生改变或者消失之前，海水到底能变得多咸呢？气候科学家正在对此进行研究。

北极和南极的部分海水含盐量很高，这些含盐量高的海水会下沉，形成**洋流**。除此之外，含盐量和温度之间的关系也非常密切。在赤道周围，由于温度较高，会有许多水蒸发，海水的含盐量也随之升高。在降水少的地方，这一现象会更为明显。温水比凉水更轻，因此会漂浮在海面上。当温暖的海水流到两极的时候，就会降温下沉，从很深的地方再流回赤道，然后再次升温，变成上层的温暖海水。

但如今，气候越变越暖，冰层融化使越来越多的淡水（也就是密度更小的水）流进了海洋。这可能会让洋流变缓甚至彻底消失。如果气候科学家能更了解含盐量与洋流之间的关系，他们就能预测出另一个临界值：海水中的含盐量在多低的时候会让洋流消失？

为了研究海水中的含盐量，科学家四处搜寻浮游生物、藻类和贝壳的微型化石。他们测量了化石内外的**含盐量**，将它与其他各种信息相结合，从而做出更准确的预测。

测量含盐量

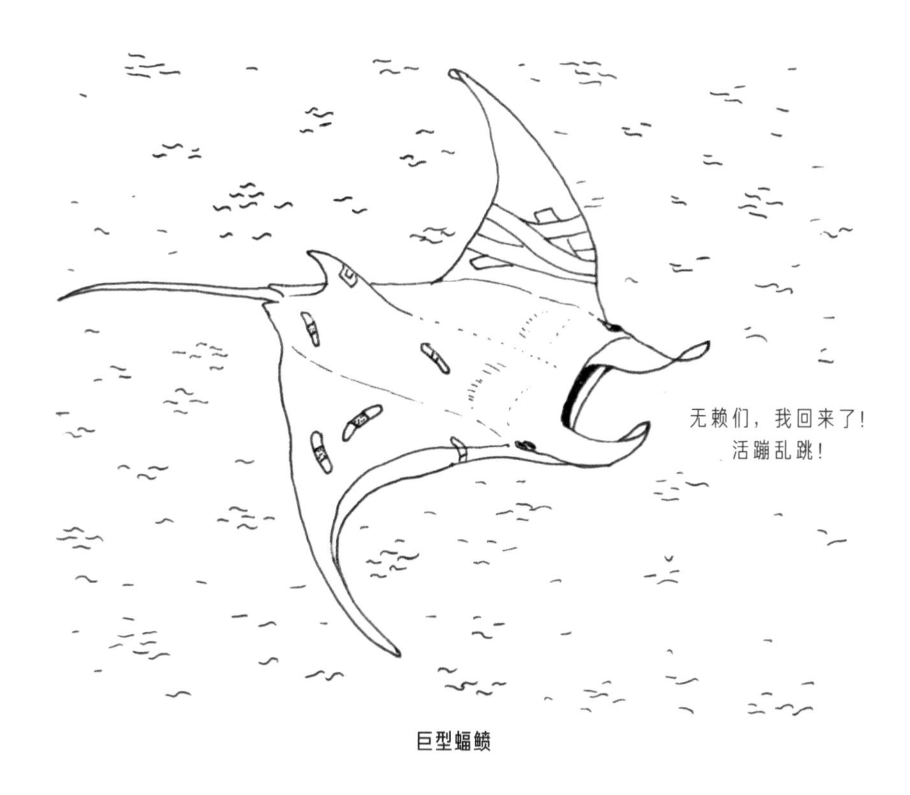

巨型蝠鲼

99 给海洋一个机会，它就能自我修复

幸运的是，大自然的自我修复能力很强，病可以自己痊愈。当然，前提是我们不再让它继续生病。

东南亚**拉贾安帕特群岛**附近的**大海**就是一个很好的例子。由于过度捕捞和管理不善，这里的鲨鱼和其他大型鱼类几乎全部消失，珊瑚礁也没有了。好在2007年，当地政府决定保护岛屿周围的海域。10年之后，这里又有许多**鲨鱼**了，它们甚至会专门到这片海域来进行繁衍。过去遭到捕捞的海龟在海底安详地吃草，过得也很不错。随着鲨鱼的到来，巨型蝠鲼等其他大型鱼类也回来了，珊瑚也开始生长。海洋竟然能恢复得这么快，简直是奇迹！

再来举一个例子，让我们来到**南美洲**的**阿塔卡马沙漠**。这里曾经生活着数百万只海鸟，但50年前，海鸟都消失了。由于过度捕捞，海中已经没有足够的食物了。在政府保护附近的海域之后，大批**凤尾鱼**回到了这里，没过多久，鸟儿们也回来了。再后来，有300万只**鸬鹚**回来了，鹈鹕和海狮也回来了——它们喜欢吃凤尾鱼。

如果我们能给大自然一个休养生息的机会，一切就能很快恢复。科学家相信，如果我们能让1/3的沿海水域重获健康，大自然就能自我修复，并为所有人类和动物提供足够的食物。

100 顺应自然，收成会更好

在非洲，农作物往往很难生长。有时，农民需要播种 4 次才能长出东西。这是因为土壤中缺乏水分，风太过猛烈。

在非洲的**尼日尔**，农民偶然发现，在田地里留下树木比砍掉它们收成更好。农闲时，许多年轻人都在城市打工，等他们回来时，田里已经长满了**树和灌木丛**。他们中的一些人回来得很晚，以至于没有时间清理田地，他们就只能把种子撒在长满树的田地里，结果令他们意外的是，收成竟然比那些清理了的田地要好。第二年也是如此。

于是，农民决定不再彻底清空他们的田地，而是将树木留在原处。这些树为农作物遮风挡雨，为土壤保留了更多水分，而且，树上落下的叶子让土壤变得更加肥沃。如今，农民学习了很多有关森林管理的知识。几年内，尼日尔的 500 多万公顷农田变得生机勃勃，这可是相当大的一片土地。可事实上，农民什么也没有做，只是顺应了自然。他们并没有种植什么特殊的树木，而是让现有的植物继续生长。这种办法很便宜，却非常有效。

切尔诺贝利

101 人类离开之后，大自然又回来了

1986 年，乌克兰境内发生了一场可怕的灾难：**切尔诺贝利市**的**核电站**反应堆发生了爆炸，十几万人不得不逃离这里以躲避辐射。这座城市变成了一座空城。

2019 年，切尔诺贝利对于人类来说，仍然远远不够安全，但那里发生了一些非常特别的事情。建筑物、房屋和街道上长满了绿色植物，树木穿过屋子的房顶继续生长。在曾经是工厂的地方，各种植物和花卉欣欣向荣，连公路上的沥青也被灌木丛顶了起来。

就连野生动物也回来了。如今，切尔诺贝利已经成了狐狸、蜥蜴、蝾螈和许多鸟类的家园。前往该地的研究人员还见到了许多大型哺乳动物，比如鹿、羚羊、棕熊，甚至还有在野外几乎完全灭绝的普氏野马。这里还有很多狼，它们只会在猎物充足的地方生活。30 年间，大自然已经成功自我修复了。曾经是城市的地方，如今呈现出了欧洲野外的场景。但我们可以肯定，如果人类再次迁入这座城市，动物和这一派自然景象都会再次消失。

102 我们的河狸兄弟回来了！

我们都认识图上这位兄弟：**河狸**。它们长着又大又平的尾巴，遇到危险的时候，它们就用大尾巴用力击打地面，警告自己的兄弟姐妹。它们的尾巴是十分好用的工具，既能用来筑坝，也可以为幼崽遮风挡雨。19 世纪中叶的时候，欧洲的河狸几乎全都灭绝了。人们为了河狸的皮毛、河狸肉和河狸香，疯狂地猎杀它们。只有挪威、俄罗斯、波兰和德国的一些地方，仍然生存着一些河狸。20 世纪末，许多欧洲国家重新引进了河狸，将它们加以保护。从此，河狸终于可以随心所欲地建造水坝和城堡[1]了。河狸坝是工程界的小小奇迹，它们改变了整个地形，增加了数百公顷的沼泽，吸引来了各种其他的动物。河狸坝的里面和四周都充满了生命的气息。2003 年，整个欧洲已经有大约 60 万只河狸。你想亲眼看看它们吗？傍晚的时候，你可以去自然保护区，在导游的带领下去看河狸。

你知道吗？

除了河狸，水獭们也渐渐回来了。20 世纪 80 年代，由于水污染，荷兰和比利时的水獭都消失了。但 2012 年之后，人们又找到了它们的踪迹。

1 这里指河狸的巢穴，入口一般在水下。——原注

103 狼先生，我们欢迎你！

19 世纪中叶的时候，**狼**还在欧洲各地生活着，但人们并不喜欢它们。是小红帽的故事吓到了人们，还是狼吃了太多的羊？总之，几乎所有的狼都被杀死了。只有在东欧的荒野中，有些**狼群**还在繁衍生息。

但一个小小的奇迹正在发生。狼群正在慢慢回归！这很大程度上是因为 1982 年以来，欧洲共同体（1993 年发展为欧盟）一直在保护狼群，现在已经不允许猎狼了。20 世纪末，东欧和西欧的边界重新开放之后，狼群好奇地来看了看。它们意识到这里有足够的食物，就扩大了自己的领地。此外，狼也变得不再那么害怕人类，它们已经敢于接近人类生活的区域了。

狼处在**食物链**的顶端，主要吃狍子、雄鹿和野猪，它们可以让生态系统重新焕发活力。

猎物通常在远离狼群的区域，这使狼群生活的森林有机会恢复生长。鹿的数量得到了控制，不会再去啃咬幼树的树皮。狼会吸引狐狸、乌鸦、秃鹰和獾等食腐动物，它们以狼吃剩的残骸为食。欧洲有 1.7 万只狼，比利时和荷兰也有狼群分布。我们应该害怕狼吗？当然不！狼会主动避着你走的。牲畜呢？嗯……温顺的绵羊当然很容易成为狼的猎物，但自然保护组织会帮助农民保护他们的羊和其他牲畜，以免被狼吃掉。如果羊还是被吃了，养羊的农民会得到来自政府的补偿。因此，我们完全可以为狼群的回归而高兴！

104 拯救雪豹的老师

巴雅尔加·阿格瓦茨伦

很久以前，在喜马拉雅山和青藏高原上，生活着许许多多的**雪豹**。这并不意味着你会经常见到它们，因为雪豹是非常怕人的动物，当地人叫它“雪山精灵”。

尽管雪豹善于隐藏自己，但它的日子也不太好过。它由于时而攻击牲畜，以及拥有美丽的皮毛，经常会遭到牧羊人和猎人的捕杀。随着道路和矿场数量的增加，雪豹的栖息地正变得越来越小，它们便日渐走向灭绝。

幸好我们还有**巴雅尔加·阿格瓦茨伦**。巴雅尔加是**蒙古**偏远地区的一名教师，会说一些外语，所以有时候会带着外国人参观他们生活的地区。一次，巴雅尔加在帮助一位研究雪豹的外国生物学家时，彻底被雪豹的魅力吸引了，于是决定尽其所能阻止雪豹的灭绝。她让牧民为他们的牛羊修建了合适的围栏，还帮他们购置了特殊的保险，这样就算牧民的牛羊被雪豹吃了，他们也能得到赔偿。这还远远不够。想要继续扩大雪豹的栖息地，就得让**矿场**消失才行。自 2009 年起，巴雅尔加就开始要求政府关闭矿场。这是唯一能扩大雪豹生活区域的方法，她成功了！托斯特·托松本巴自然保护区建立了起来，这是一个面积超过 70 万公顷的巨大保护区。2018 年 6 月，最后一个矿场也关闭了。

2019 年，巴雅尔加被授予**戈德曼环境奖**。戈德曼环境奖有“绿色诺贝尔奖”之称，奖励给那些为保护环境做出巨大贡献的人。1990 年以来，每年都会有 6 个人获得该奖。巴雅尔加说，她会用这笔钱继续为雪豹而战。

105 如果包装袋可以直接吃？

如果食品包装袋全都由天然成分制成就太棒了。人们正在为此努力。这种包装的保质期至少要和里面的食物一样长。比如说，我们可以用**蜂蜡**来制作包装。这种包装是固体的，非常轻薄，完全可以生物降解，可以像剥橘子一样剥开它们。有些东西可以用焦糖的外壳包裹起来，外面再涂上一层蜡。这样，我们就可以像剥鸡蛋一样打开包装。外壳所含的糖分能溶于水，不会产生任何浪费。

那些需要开水冲泡的方便食品怎么样呢？里面的食物是可以倒上开水直接吃的，外包装也可以直接当成碗用。而那个碗，是完全可以生物降解的。

还有用牛奶做成的外包装，你可以直接吃掉它们。将带包装的速溶汤包放进杯子里，然后倒入沸水，整个汤包会完全溶解。你可以将外包装和汤一起喝下去。这种**可食用包装袋**可能会在未来取代所有的塑料包装。此外，这种材料对食物的保鲜效果比普通塑料薄膜还要好500倍，因为它们能更好地阻隔氧气。我们非常期待这种新型包装的面世！

味道好极了

106 为城市降温的办法

温度上升的时候，城市会变得特别热。这是因为城市里有许多暗色面，无法反射太阳光，这些热量会被吸收，并产生热量。除此之外，汽车和工厂也为城市带来了很多热量。城市正在成为**热岛**，而这样的高温对人类和动物都不健康。

一些聪明的城市规划人员正在寻找为城市降温的办法。当然，他们不可能直接安装一个巨大的空调系统，那耗能太大了。幸运的是，我们还有其他解决办法。

如今，覆盖在街道、广场、停车场和屋顶的黑色**沥青**吸收了大量的热量。如果我们将其换成**可以反射光线的表面**，就可以让夏天变得凉爽许多。我们还可以在房子和建筑物的屋顶上种植树和灌木。这些**绿色的屋顶花园**能留住更多的水分，让我们感觉凉快。我们可以用特殊的容器来收集**雨水**，等热的时候，这些水就会蒸发，带走热量。工程师们正在研究如何将水分保留在建筑物中。比如说，他们会使用水泥混凝土之外的建筑材料来盖房子。这样一来，水分就能蒸发得慢一些，为整个城市降温。

想要让城市变得更清新宜居，还需要采取很多措施，比如减少汽车的数量、修建更多的自行车道、完善公共交通系统……可以肯定的是，50年之内，大多数城市都会发生翻天覆地的变化。

先进的未来都市

107 骑自行车也能净化空气

我们都想呼吸清新的空气。但如果你住在城市，就不那么容易享受到了。汽车、工厂和其他污染源让我们吸入了大量颗粒物质。**丹・罗斯加德**（Daan Roosegaarde）设计了一款巨大的空气净化器，能吸进被污染的空气，再释放干净的空气。这座名为“**无霾塔**”的空气净化器高约为7米，非常低耗能，消耗的能源和锅炉烧开水差不多。这座塔在公园里1小时可以净化约3万立方米的空气，净化完之后会剩下一些黑色的粉末。这些粉末里的碳含量高达42%，钻石就是由这种材料制成的。现在我们还没法用这些粉末直接制作钻石，但丹・罗斯加德可以让这种物质形成结晶，用于制作戒指和其他珠宝。“无霾塔”已经在世界各地建造起来，在阿姆斯特丹和北京都能见到这样的塔。

除此之外，丹・罗斯加德还有其他发明。他与中国一家公司一起，发明了车把上装有特殊装置的“**无霾自行车**”。这种自行车净化空气的方式和“无霾塔”一样。如果城市里有很多人骑这种自行车，空气就会变得干净很多。当然，前提是你得愿意在雾霾里骑着自行车转来转去……

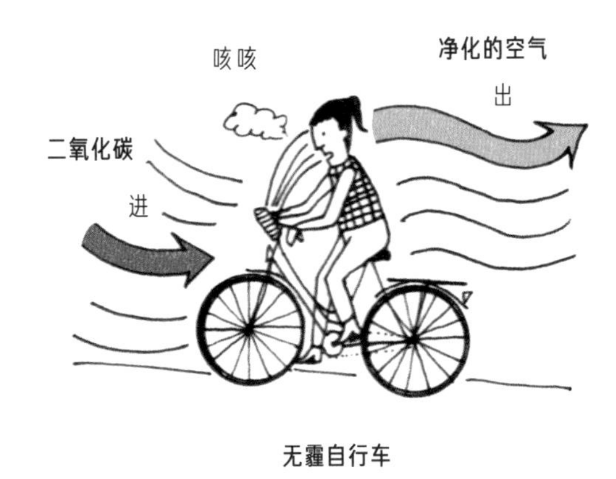

无霾自行车

108 灯泡亮起来了

19世纪中叶，当**白炽灯**横空出世的时候，人们可能都高兴坏了。终于可以简单、干净又快速地让自己的家亮起来。但白炽灯除了发光外还会散发热量，所以它会消耗非常多的能源。如今，许多国家都禁止白炽灯出售。人们用**节能灯泡**取代了白炽灯，后来又有了**LED灯**。这些新种类的灯泡要比老式的白炽灯节能80%以上。

工程师还在继续寻找更加节能的办法。现在我们已经有了配备特殊传感器的LED灯，能感应到周围的事物。我们可以将其用于**街道照明**，没有人时，这种灯会变得很暗或者根本不亮，而一旦有人经过，灯就会亮起来。通过这种方式，我们可以减少光污染和耗能。

有些时候，人们会用红色的LED灯做路灯。这种颜色不会对交通造成影响，而且对动物更有益。红光对夜行动物的干扰较小，对一些飞行速度较慢的蝙蝠格外友好。普通的路灯下，蝙蝠很容易成为猫头鹰等掠食者的猎物，而红色灯光下这种事情发生的概率就小多了。一条亮着红灯的街道，多么特别而有趣啊，蝙蝠也会对此非常感激的！

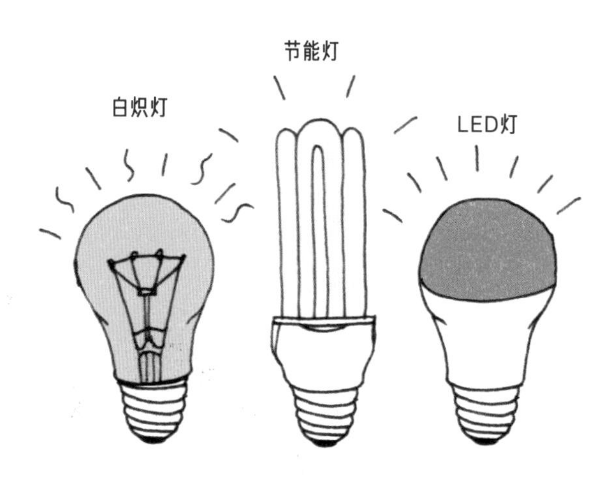

109 天然的过滤器：贻贝

贻贝通过过滤水来进食，它们主要以食用藻类为生。当然，水里还有其他物质，比如垃圾、塑料和毒素。

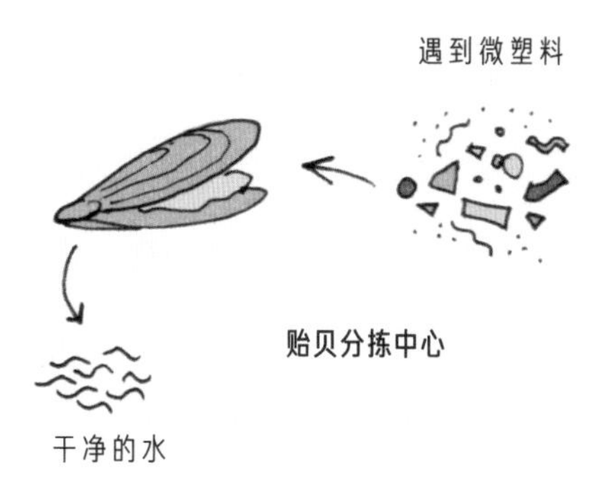

科学家正在研究是否可以利用某些贻贝来对水进行过滤。举例来说，我们可以用**淡水贻贝**清理水中的**蓝藻**。这种藻类一般含有毒素，会对人和其他动物产生危害。但贻贝以它们为食，并能让水保持清澈。

斑马贻贝能将水中的有害物质过滤掉。目前，人们正在测试贻贝是否能从水中过滤微塑料，科学家也在试图寻找用贝类净化污水的可能性。与其安装需要耗能的过滤器，不如就让贻贝来过滤，这样既轻松又不需要消耗能源。

当然，这对贻贝来说并不是一件好事。它们正慢慢被毒素侵蚀，最终走向死亡。因此，我们最好还是不要排放毒素或乱扔垃圾，这样可怜的贻贝就不会为此付出生命了。

夜晚，细菌占领了街道

110 多少细菌才能点亮一盏灯？

这可不是开玩笑，**细菌**真的可以用于照明。年轻的法国科学家**桑德拉·雷伊**（Sandra Rey）就研究了这个问题很多年。她小时候看到过一篇关于发光水母的报道，并深深为此着迷。取得学位之后，她开始实验，寻找生物体内能引起**发光的物质**。这种物质能使水母、鱼，甚至陆地动物在黑暗中发光。她将这种物质从生物的DNA中提取了出来，然后将它放进无害细菌的DNA中，再将细菌放进一大碗水里，让细菌摄取糖类。细菌的繁殖非常迅速，第二天整个碗都亮了起来。

这个原理说简单很简单，说复杂也很复杂，总之桑德拉·雷伊相信总有一天，这些发光的细菌能取代一部分照明工具。这些细菌会发出浅绿色的光芒，不会干扰到夜间活动的动物。除此之外，这些细菌还能装在任何形状的容器里。雷伊的发明还不算非常完美，如果不给细菌喂食的话，细菌很快就会死亡，光照强度也不够。但这项发明非常有潜力，也许以后细菌还真能占领我们的街道呢。

111 在星空中骑行

你一定听说过荷兰的著名画家文森特·凡·高。2015年，人们为纪念这位125年前去世的画家，组织了各项纪念活动。艺术家丹·罗斯加德想出了一个奇妙的方案，在纪念凡·高的同时，展现了一种结合艺术和节能技术的新照明方式。他用各种发光的石子铺设了一条600米长的**自行车道**，车道上图案的灵感则来自**凡·高**的画作《星月夜》。夜晚，当你沿着这条路骑行时，仿佛置身于美丽的星空之中。

自行车道上的石头在白天会通过阳光蓄光，晚上则会发光。这种石头非常节能安全，同时又绚烂美丽，能用于代替普通的街道照明。现在荷兰已经有了很多这样**会发光的自行车道**，它们适用于路灯很少或没有路灯的地方。

如今，这一技术也被用于高速公路。人们用一种特殊的涂料来绘制公路上的线，这些线条也会在白天蓄光，晚上发光，使公路看起来非常美丽。

你知道吗？

丹·罗斯加德认为，人们很难让政治家或商业领袖接受某种想法。这类人经常会回答你“是的，但是……”，然后用各种借口搪塞你。于是，他设计了一把名叫“是的，但是”的椅子。坐在这把椅子上，只要你连着说“是的，但是”这两个词，就会被电击。这样的话，你下次再说“是的，但是”之前一定会先认真思考一下。

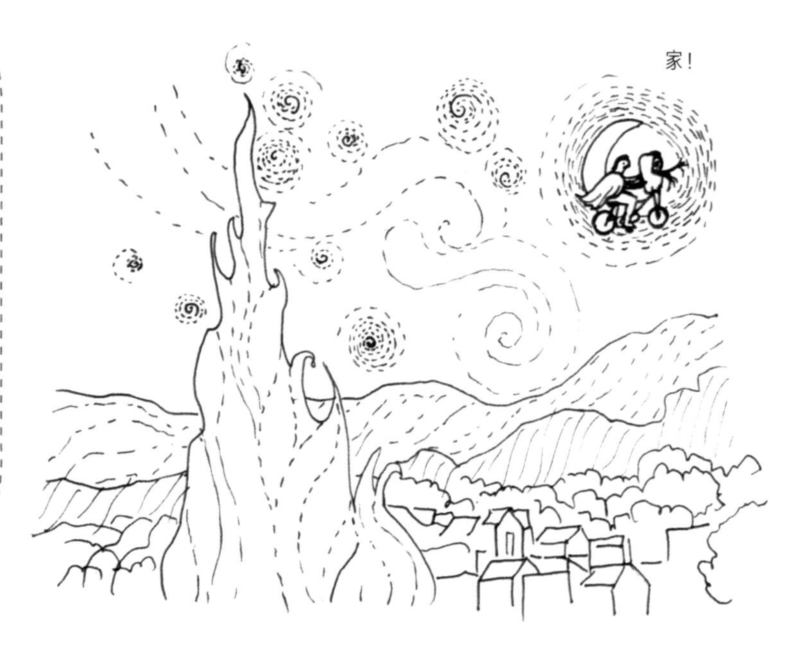

《星月夜》

112 核能不会排放温室气体，但会造成其他问题

我们周围的一切事物都是由**原子**构成的。原子的中心是原子核，如果将原子核分裂开来，就会释放出大量能量，也就是我们所说的**核能**。我们用铀和钚来制造核能。将铀棒放在一个装满水的大铁桶里，向它们发射中子，就能让铀的原子核分裂，产生一系列连锁反应。在核裂变反应中，原子核分裂会释放大量能量。这些能量将用于加热大锅炉中的水，产生的蒸汽可用来驱动涡轮机，为人们提供电能。

核能本身就是相当清洁的能源。不使用化石燃料，就不会排放温室气体。而且核电站还能持续不断地供应能源，非常可靠。

可糟糕的是，核能也有严重的缺点。核裂变过程中产生的废物具有**放射性**，放射物质几万年也不会消失。因此核废料必须存放在安全的地方，这并不容易办到。一旦发生福岛海啸之类的灾难，核

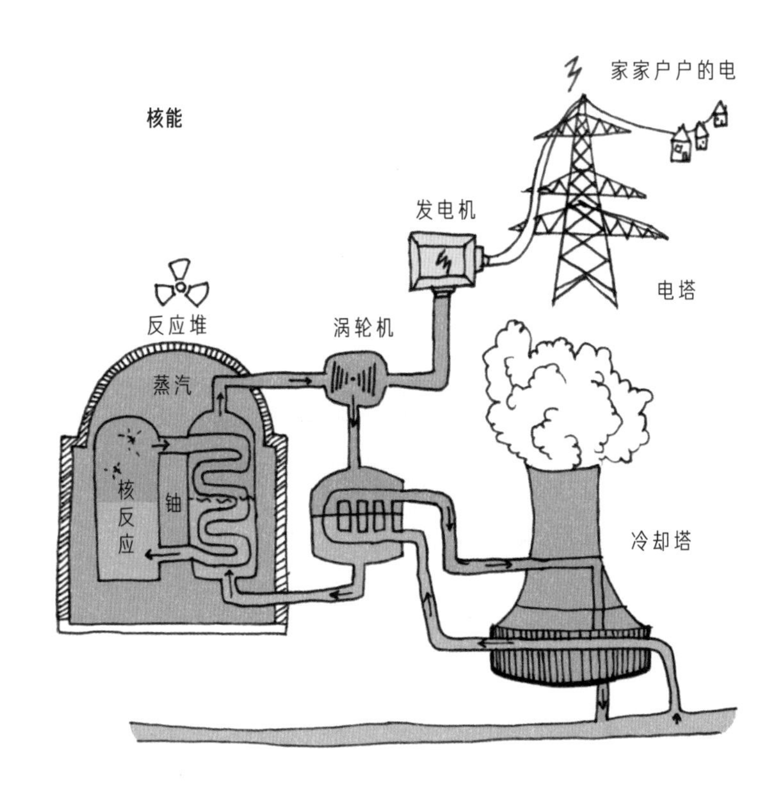

电站就有可能毁坏，放射性物质因此被释放到环境中。这对居住在附近甚至更远的人来说是非常可怕的。他们会被辐射，可能会罹患重病或死亡。核电站的建设成本也很高，需要花费很长时间，铀的开采和新核电站的建设也会排放相当多的二氧化碳。

核能发电既有好处也有坏处。因此，在建设新的发电站之前，我们应该仔细考虑是否还有其他的发电方式。

113 跳舞发电

荷兰艾恩德霍芬理工大学和代尔夫特理工大学的学生可能都喜欢跳舞。他们设计了一个**舞池**，可以让你在跳舞的时候进行发电。舞池下面有**发电机**，能捕捉到人们跳舞时产生的动能，并将其转化成电能。跳三个晚上的舞，产生的电量就可以开一次派对了。跳得越卖力，产生的**电量**就会越大！

这种设计应该可以推广至更多的地方。为什么不在学校操场上也铺设这种地面呢？这样就可以用学生玩耍时发的电为教室照明了。足球看台上也可以安装这样的地面，这样的话，成千上万的球迷们在看台上欢呼雀跃时产生的电肯定能点亮足球场的大灯。我们还可以在人行道或自行车道上装这种地面，当你走过或骑行通过时它就能发光。这样多棒啊！

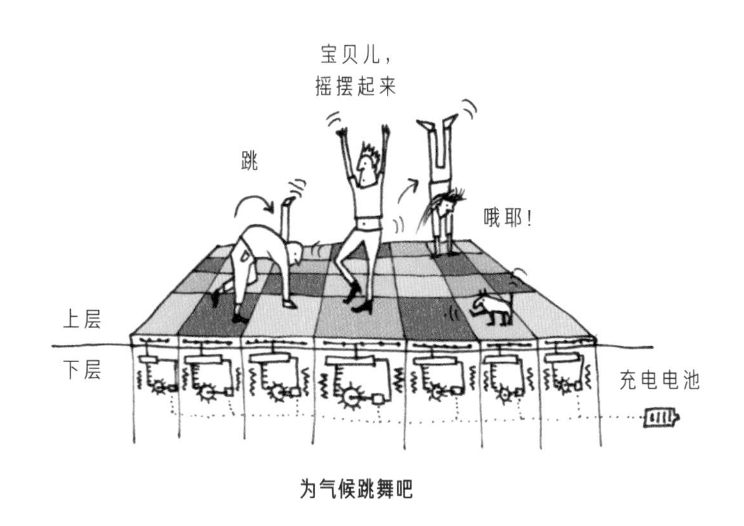

为气候跳舞吧

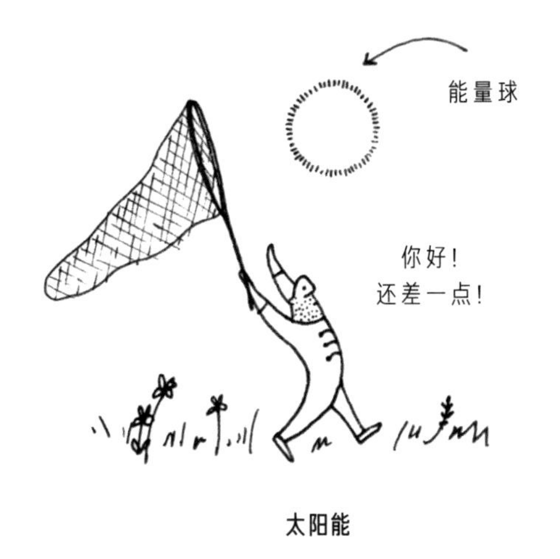

太阳能

114 太阳蕴含着巨大能量

太阳是一个会发光的充满能量的球体，表面温度高达6000℃，其内部温度甚至能达到1,500,000℃！要是将一块铁靠近太阳，它会立即熔化。太阳是一种等离子体，其中的粒子会不断碰撞，从而发生聚变。事实上，太阳就是一个巨大的核反应堆，以**光和热**的形式释放出巨大能量。这些能量足以让太阳在14,959.8万千米之外照亮和温暖地球。

太阳1小时之内向地球散发的能量相当于人类1年的耗能。难怪科学家都在尝试利用这种能量为人类造福。

太阳能电池板可以将阳光转化为电能。太阳能电池的主要组成部分是从沙子中提取出的两层硅。当光照到**太阳能电池**上时，两层硅中间就会产生电流，能将1/5的阳光转化成电能。

太阳能集热器可以将阳光转化为热能，水在金属管或金属板中被加热之后，可以用于洗澡或取暖。

太阳能是清洁能源，可以使用在各个地方。但阳光有时太少，有时又太多，而且并不是家家户户都配备了可以储存太阳能的电池。经过科学家计算，如果我们能在撒哈拉沙漠1%的面积上铺满太阳能电池板，就能获得供全人类使用的电力。

115 历史悠久的风车

很久之前，人们就发现，风可以产生相当多的能量。也许是因为在大风中行走很难保持直立吧，聪明的人觉得可以让风为自己所用。他们建造了**风车**，上面的风叶是由风来进行驱动的。风车可以用于磨坊，带动磨石将谷物磨成粉。

风车人

如今的**风力涡轮机**和以前的风车可大不一样了。这些机器不再被用于磨碎谷物，而是用于发电。风使涡轮机的叶片转动，产生的动能会进入发电机，转化成电能。电能会通过粗粗的电缆输送到发电站，再被分配到各个家庭和企业里去。多个风力涡轮机常常会建造在一起，形成**风电场**。如今，海上的风力涡轮机已经越来越多了。

风力发电不会产生任何温室气体，而且风力涡轮机的建造速度很快。不过，风力发电也存在一些弊端。比如，有时候没有风，我们就无法依赖风力发电了。此外，风力涡轮机对动物也不太友好，会让蝙蝠、鸟类和昆虫感到困扰。德国每年都有 1.2 吨的昆虫死于风力涡轮机，相当于 24 亿只蛾子。不过它们对鱼类似乎不会产生影响。风力涡轮机会发出噪声，也会在原本阳光普照的地方投下长长的影子，因此有些人并不希望在自己家附近建造这样一个发电机。

一台现代的风力涡轮机可以为大约 2000 个家庭提供电力。只要我们学会正确地储存风能，它就会成为未来重要的可持续能源之一。

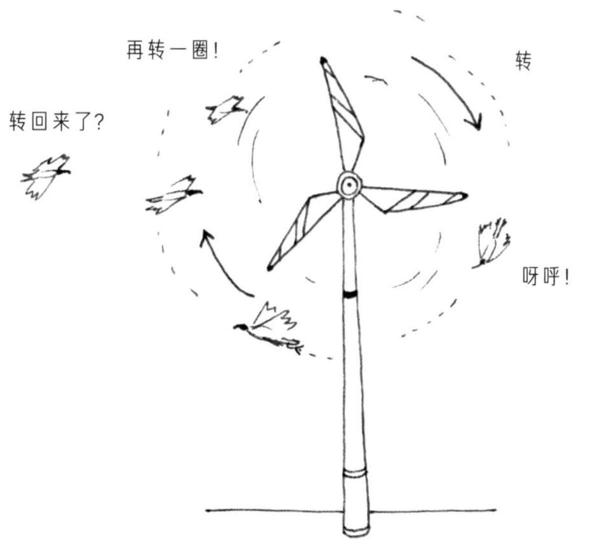

对鸟类友好的风力涡轮机?

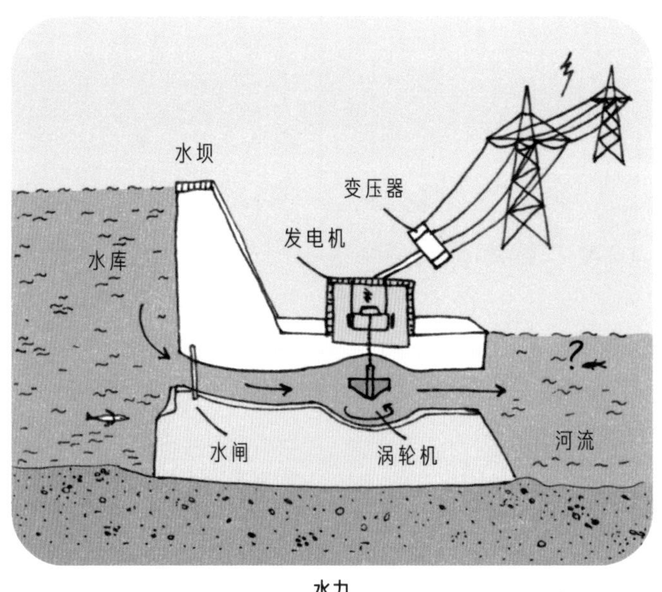

水力

116 水的力量

如果你见过大瀑布，你一定感受过水从高处落下时产生的力量吧。这种力量也可以为我们所用。水流越大越快，产生的电力就越多。有很多山与水国家都建立了**水力发电站**。挪威 96% 的能源都来自水力。

建造水电站首先需要一座大坝。大坝可以将水挡住，形成一座**水库**，之后水就会从大坝的开口处汹涌而下，而驱动涡轮机会将水的动能转化为电能。因此，水力发电是清洁能源，不会排放任何温室气体，而且储存在水库中的能量在任何时候都能使用。但建造水库也存在弊端，比如它会影响鱼和其他水生动物的生活。有时，大坝和水库会破坏整个生态系统；有时，很多人还不得不为大坝和水库的建设而搬迁。比如中国在建设三峡大坝的时候，100 多万人外迁他处。在荷兰和比利时等海拔差异不大的国家，水力发电就没有那么重要了。不过这两个国家也有一些水力发电站。

与此同时，人们正尝试利用海洋获取更多能源。潮汐和海浪都能用来发电，研究海水含盐量和温度的差异也会对此有所帮助。

117 地热

太阳每天都温暖着地球，很多热量因此储存在了土壤和地下水中，这就是**表层地热能**。我们可以用这种地热来为建筑物供暖。用热泵从地底下的100米处提取热量，就能为一栋房子或整个街区供暖。

地球深处的温度非常高，有时高达6000°C，它也能被我们所用，我们称之为**深层地热能**。要获得这种热量，需要下到地底500米处。在冰岛，它被用于为大多数房屋和建筑供暖。因为冰岛是一个火山岛，所以它的深层地热与表层地热很接近。热水先被抽上来，然后等其冷却后再排回地下。

地热是一种清洁能源，不会排放温室气体，但建造地热网络的费用非常高昂。

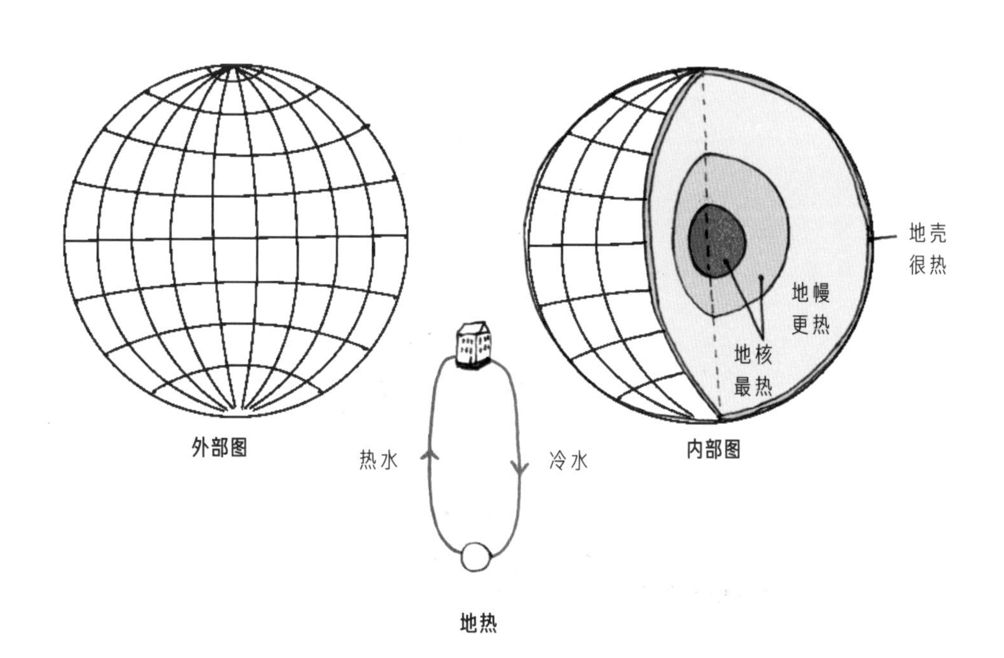

118 把甘蔗汁当成汽车燃料

你或许见过电动汽车，只要把它的插头插入插座，充满电，过一会儿就可以开了。**电动汽车**在行驶时不会排放温室气体。当然，工厂在生产它的时候还是会排放二氧化碳的，而且你还得留意自己使用的电能是否来自清洁能源。

人们一边改进电动汽车，一边寻找其他解决办法。比如将氢气作为汽车能源，这样汽车就只会排放水蒸气。但制造氢气也要消耗能源，你还必须保证制造氢气的能源也是可持续的。除此之外，你还得带着一个用于贮存氢气的大罐子，还要改建许多加气站，这并不是很方便。

那植物燃料怎么样？这种燃料的确存在！巴西人会用**甘蔗**制作燃料，他们挤压甘蔗，让甘蔗汁发酵，最终得到能驱动汽车的乙醇。这种物质也会释放出二氧化碳，但如果我们再种植新的甘蔗，空气中的二氧化碳就能再次被吸收。不过这种燃料也并不是万能的，因为种植甘蔗需要大量的空间，雨林的面积就要因此而缩减。所以用甘蔗作为汽车燃料并不是最好的主意。

新能源汽车

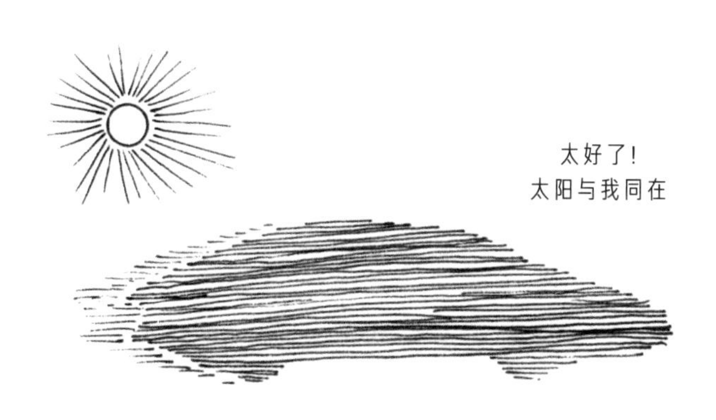

“光年一号”，比光还快

119 太阳能汽车大赛

1987 年，澳大利亚举行了第一届**世界太阳能汽车大赛**。这场大赛在沙漠举办，赛程长达 3000 多千米，旨在鼓励人们研究**太阳能汽车**，并让太阳能汽车深入大众之中。

太阳能汽车？没错，它们是靠太阳能运行的汽车，看起来很酷。它们由非常轻的材料制成，呈流线型，因此不会受到太多阻力。它们的发动机经济实惠，电池里可以储存大量能量。比利时和荷兰的太阳能汽车在这场比赛中都名列前茅。

你想买一辆太阳能汽车吗？这种汽车的车顶装着太阳能电池，能通过阳光充电，不需要燃料或者电力。这批汽车相当昂贵，第一批太阳能汽车的价格高达 11.9 万欧元，但它们物有所值！有了“光年一号”，你不仅可以开车，还能用它为家里的其他电器充电。多么伟大的发明啊！

120 科技手段

科学家认为，我们需要尽快解决全球变暖问题，尤其要尽快减少煤炭、石油和天然气等化石燃料的使用。我们还需要更多的森林，让海洋恢复健康，这样才能让它们吸收更多的二氧化碳。但如果这些措施都不够有效呢？如果这些行动进展太慢了怎么办？科学家也在思考这个问题。万一真的发生了这种情况，他们希望采取大型科技手段，也就是**气候工程**或**地球工程**。科学家想通过各种技术来改变自然，将太阳多余的热量挡在地球外，将二氧化碳储存起来。其中包括：能阻挡阳光的太空盾牌，沙漠中反射阳光的镜子，通过科技手段形成能反射阳光的大型云层，给海洋施肥来让更多的浮游生物生长并吸收二氧化碳……科学家还在想办法将二氧化碳在进入大气之前就储存起来，不过这种技术必须在盐矿或深海之类的地方才能进行。

反射时间！

这些技术的棘手之处在于，它们都会对环境和地球上的各个生态系统产生相当大的影响，甚至可能会加剧问题而非解决问题。我们还是希望最好不用采取这些技术。

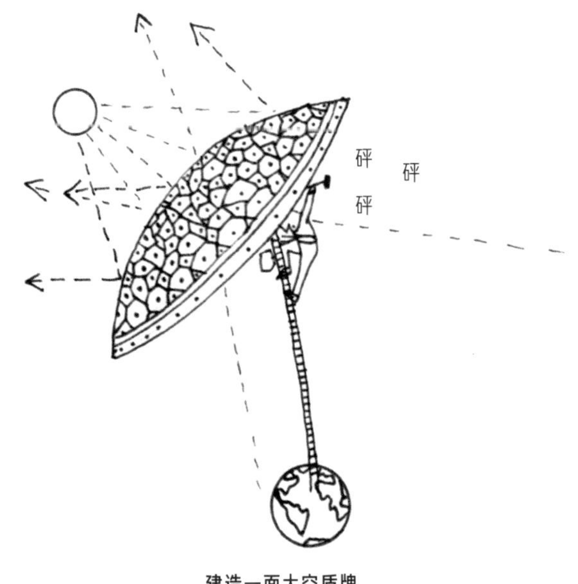

建造一面太空盾牌

121 我们能做些什么

大多数人虽然关心环境和气候，却总是知难而退，不愿为了保护环境做出改变。“我一个人的努力太小了。”他们总是这么说。他们觉得一个人的行动根本没什么意义，但事实并非如此。小事如滴水，积多成汪洋，每个人的努力累加起来就能带来很大的变化。因此，我们要学习如何有意识地在生活中保护环境和气候。你可以从今天做起，从现在做起。

- 尽量减少垃圾。不要随地乱扔纸张、塑料或其他垃圾，一定要将垃圾扔进**垃圾桶**。随地乱扔的垃圾会在我们的海洋里形成可怕的“塑料汤”。

- 无论在家还是在外面，都要尽量给**垃圾分类**。

- 喝过滤后的**自来水**。从水龙头里流出来的水和瓶装水一样好喝健康，为什么要额外去买瓶装水呢?

- 用可以反复使用的饭盒代替一次性饭盒，这样饭吃起来会更香。尽量少点外卖。

好吃

- 不要每天都**洗澡**。我们其实不需要每天都洗澡，尤其是冬天的时候，而且每天洗澡对皮肤也不好。

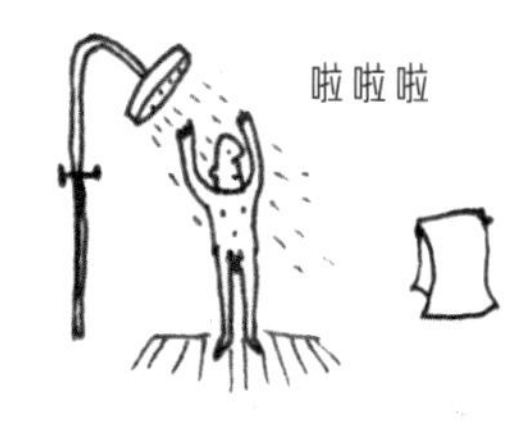

- 洗澡尽量不要超过 5 分钟。如果有必要，你还可以向父母要一个计时器。一定要在计时器的铃声响起之前及时将洗发露冲净。你甚至可以在淋浴的时候小便，这样就能省下冲厕所的水……这些对保护环境都有帮助。

- 刷牙的时候关掉**水龙头**。如果你愿意的话，也可以在淋浴的时候刷牙。

拧紧水龙头再刷牙

122 我们还能做些什么

- 你有智能手机、笔记本电脑和平板电脑吗？充完电之后一定要立刻**拔掉插头**，否则它们会消耗更多的电，还会让电池损耗变快。

- 如果你最后一个离开房间，要记得**随手关灯**。在你不用收音机、电视、台式电脑、笔记本电脑或平板电脑的时候，请记得及时关上它们。

- 画画或写字的时候，**纸**的正反两面都要用。你也可以重复利用一些空信封和印刷品。除此之外，还要尽量少进行打印。

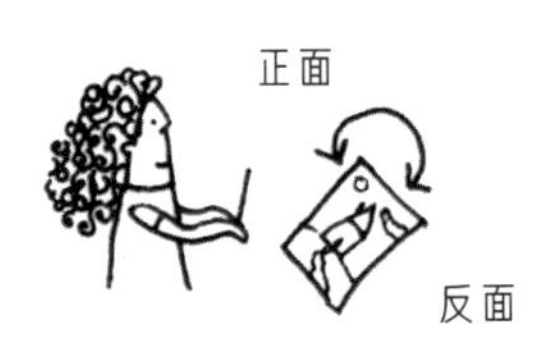

- 别用太多**卫生纸**。在上厕所的时候，你是习惯将一张纸折叠起来用，还是直接拿好几张纸叠在一起用？一般来讲，将一张纸折叠起来使用会更加省纸。

- **别买太多东西**。新衣服、新玩具、新器械……你真的需要它们吗？也许在生日或圣诞节的时候，你可以和别人一起做些有趣的事情，而不是买东西。

- 试试去**二手商店**和旧货店买衣服或其他东西。你会发现那里的东西比你想象中的更多！你甚至还可以自己给二手的橱柜上漆，或者设计你的二手衣服。

123 我们可以和父母一起做些什么

也许在大多数事情上，你的父母仍然会为你做主，所以有些行动可能不会那么容易。我们对此非常理解。但也许你的爸爸妈妈很愿意和你一起做出努力。

- 如果可以的话，步行或骑自行车去上学。也许你不能每天步行或骑自行车去学校，但一周一次也很不错。或者你可以和邻居家的孩子们组成一个骑行小组。这样只需要一个成年人来接送你们就可以了。公共交通工具也会排放二氧化碳，但排放量要比私家车少很多。所以，请尽量少让父母开着私家车接送你。

- 你每天都吃肉吗？也许你可以说服父母，每周至少吃一顿**素食**。他们可以在图书馆或互联网上找到素食的食谱。你的父母如果发现你突然喜欢上了吃蔬菜，一定会欣喜若狂的！

- 在可以调节暖气温度的房间，试着将温度调低一些。只要再多穿一件毛衣，你就不会觉得冷了。

- 尽量少用**一次性塑料**。包括塑料水瓶、软饮料瓶，还有超市里的各种包装产品。和父母一起去超市，然后问问他们可不可以将没有包装的苹果装在可以重复使用的布袋或纸袋里，而不是买那些已经包装好的苹果。

> 你知道吗？
> 你可以时不时给父母读一读这本书，会有用的。

图书在版编目（CIP）数据

真的没想到：123件关于环境和气候的新鲜事 / (比) 玛蒂尔达·马斯特斯文；(比) 露易泽·珀蒂尤斯图；许楚琪译. -- 成都：四川美术出版社, 2024.3

书名原文: 123 Superslimme Dingen die je moet weten over het Klimaat

ISBN 978-7-5740-0897-7

Ⅰ. ①真… Ⅱ. ①玛… ②露… ③许… Ⅲ. ①环境影响—儿童读物②气候变化—儿童读物 Ⅳ. ①X820.3-49 ②P467-49

中国国家版本馆CIP数据核字(2024)第036025号

著作权合同登记号 图进字 21-2023-223

真的没想到： 123 件关于环境和气候的新鲜事

ZHENDE MEI XIANGDAO: 123JIAN GUANYU HUANJING HE QIHOU DE XINXIAN SHI

[比利时] 玛蒂尔达 · 马斯特斯 文 露易泽 · 珀蒂尤斯 图
许楚琪 译

选题策划	后浪出版公司	出版统筹	吴兴元
编辑统筹	郝明慧	责任编辑	杨 东 王馨雯
特约编辑	刘叶茹	责任校对	陈 玲
责任印制	黎 伟	营销推广	ONEBOOK
装帧制造	墨白空间 · 张萌		
出版发行	四川美术出版社 （成都市锦江区工业园区三色路 238 号 邮编：610023）		
开 本	820 毫米 ×1020 毫米 1/16	印 张	9
字 数	100 千	图 幅	200 幅
印 刷	天津裕同印刷有限公司		
版 次	2024 年 3 月第 1 版	印 次	2024 年 3 月第 1 次印刷
书 号	978-7-5740-0897-7	定 价	88.00 元

读者服务：reader@hinabook.com 188–1142–1266
投稿服务：onebook@hinabook.com 133–6631–2326
直销服务：buy@hinabook.com 133–6657–3072
网上订购：https://hinabook.tmall.com/（天猫官方直营店）